ENVELHESCÊNCIA

O TRABALHO PSÍQUICO NA VELHICE

Catalogação na Fonte
Elaborado por: Josefina A. S. Guedes
Bibliotecária CRB 9/870

S676e
2020

Soares, Flávia Maria de Paula
Envelhescência : o trabalho psíquico na velhice / Flávia Maria de Paula Soares.
1. ed. - Curitiba : Appris, 2020.
177 p. ; 23 cm. - (Multidisciplinaridades em saúde e humanidades).

Inclui bibliografia.
ISBN 978-65-5820-303-2

1. Velhice - Aspectos psicológicos. 2. Psicanálise. 3. Gerontologia.
I. Título. II. Série.

CDD - 618.7

Livro de acordo com a normalização técnica da ABNT

Appris editora

Editora e Livraria Appris Ltda.
Av. Manoel Ribas, 2265 - Mercês
Curitiba/PR - CEP: 80810-002
Tel. (41) 3156 - 4731
www.editoraappris.com.br

Printed in Brazil
Impresso no Brasil

FLÁVIA MARIA DE PAULA SOARES

ENVELHESCÊNCIA

O TRABALHO PSÍQUICO NA VELHICE

FICHA TÉCNICA

EDITORIAL
Augusto V. de A. Coelho
Marli Caetano
Sara C. de Andrade Coelho

COMITÊ EDITORIAL
Andréa Barbosa Gouveia - UFPR
Edmeire C. Pereira - UFPR
Iraneide da Silva - UFC
Jacques de Lima Ferreira - UP

ASSESSORIA EDITORIAL
Alana Cabral

REVISÃO
Natalia Lotz Mendes

PRODUÇÃO EDITORIAL
Bruno Ferreira Nascimento

DIAGRAMAÇÃO
PVDI Design
Joana de Paula Soares e Flavio Chin Chan

CAPA
PVDI Design
Joana de Paula Soares e Nai Mattoso

COMUNICAÇÃO
Carlos Eduardo Pereira
Débora Nazário
Karla Pipolo Olegário

LIVRARIAS E EVENTOS
Estevão Misael

GERÊNCIA DE FINANÇAS
Selma Maria Fernandes do Valle

COORDENADORA COMERCIAL
Silvana Vicente

Dedico este livro à
minha mãe, Rose (in memoriam),
que me ensinou sobre a velhice,
e ao meu pai, Mário (in memoriam),
que não chegou a envelhecer.

AGRADECIMENTOS

Aos pacientes idosos que me ensinam a compreendê-los.

À Manoel Tosta Berlinck (*in memoriam*) pela pronta aceitação de me orientar neste tema de estudo, por generosamente me emprestar o termo 'envelhescência' como base para a pesquisa e pelo incentivo para que eu seguisse livremente os meus próprios caminhos intelectuais.

Ao CNPq pelo apoio financeiro para a realização deste trabalho.

PREFÁCIO

Em uma sociedade hedonista e extremamente narcísica como a nossa, o processo de envelhecimento – por todas as perdas que implica e as alterações estéticas inerentes – é muito pouco reconhecido, na maior parte das vezes negado.

Assim, textos sobre o envelhecimento são ainda raros, mesmo que este momento da vida tenha se tornado mais estendido e seja vivido por uma população considerável em todo o mundo.

Flávia Paula Soares é uma autora que não se intimida diante das agruras desta tarefa – pesquisar e escrever sobre um tema ainda muito pouco explorado –, e o faz com a abertura de uma psicanalista, muito embora (é ela mesma quem o ressalta) os psicanalistas tenham recuado diante dele, tendo em vista o pouco que se escreveu a respeito nesse campo!

Como todo psicanalista, Flávia se interessa pelo sujeito, este que não tem a idade da certidão de nascimento, como dizia Françoise Dolto, posto que o inconsciente é atemporal e o infantil permanece em todas as idades cronológicas da vida. Certamente, o tempo do desenvolvimento conta, mas suas significações dependem do tempo lógico, que é estrutural e remete ao sujeito.

Se a vida tem um sentido, este que conduz do nascimento à morte, em um tempo linear, o sentido que realmente conta é aquele que cada sujeito pode dar ao que vive, e este depende do sentido que dá para si em cada momento de vida. Por isso, cada crise do desenvolvimento põe os sentidos em suspensão e depende de novos arranjos identitários para que se possa seguir adiante. Senão, tem lugar o adoecimento – físico, psíquico ou ambos.

Soares tem a maestria de conceber o envelhecimento como um processo complexo, que envolve múltiplos aspectos, que contribuem para que se possa pensar a vida psíquica neste momento de transformação. Promove em seu livro um debate interdisciplinar, trazendo ao leitor uma extensa pesquisa das diferentes disciplinas propostas para pensar o sujeito que envelhece – sociologia, medicina, psicanálise. Trata-se de uma proposta transdisciplinar, como a situa a autora, pois o que serve de eixo norteador é a preocupação com este que vive esse processo.

Para desenvolver seu trabalho, Soares vai buscar em Berlinck um conceito que lhe permite abarcar com propriedade seu tema: "envelhescência", a partir da concepção desse autor da velhice como "um desencontro entre o inconsciente atemporal e o corpo, âmbito da temporalidade".*

A autora nos apresenta então sua hipótese de trabalho: dar lugar a este trabalho de elaboração da velhice que é a *envelhescência*, tendo em vista o sujeito em relação a si mesmo, a sociedade em que vive e seu lugar perante seu entorno. Trabalho este que pode se dar ou não, dependendo das condições que se oferecem àquele que chega à velhice.

Neste sentido, Soares entende, como Freud, as psicopatologias como defesas que promovem um trabalho psíquico que não pode ocorrer de outro modo. Preocupa-se, então, em diferenciar, teoricamente e com o auxílio de fragmentos de casos clínicos, as psi-

---

* BERLINCK, Manoel Tosta. **Psicopatologia fundamental**. São Paulo: Escuta, 2000, p. 193.

copatologias que são organizadoras e aquelas desorganizadoras da subjetividade. A autora demonstra, nas discussões que promove dos exemplos clínicos, a importância do campo social para este rearranjo subjetivo necessário na velhice, principalmente diante não só de perdas de capacidades físicas, mas de perdas de referências importantes como trabalho, familiares, amigos.

Ao enfatizar o plano das significações como extremamente abalado nessa etapa da vida e o necessário trabalho de ressignificação que suscita, Soares abre caminho para uma evidência: a importância da escuta psicanalítica como via régia nesse processo.

Os casos clínicos apresentados e discutidos no decorrer do livro são exemplares das dificuldades narcísicas importantes que caracterizam a crise psíquica do envelhecimento, bem como dos efeitos da sustentação ou não dos laços libidinais nesse momento.

O impacto que a degenerescência física impõe ao sujeito, obrigando-o a reconstruir sua imagem corporal; o lugar social tão desfavorável àquele que envelhece em nossa sociedade atual; as perdas de companheiro, amigos, familiares importantes, que destitui olhares que sustentavam uma imagem narcísica; tudo isso exige um trabalho psíquico que é, na maioria das vezes, realizado na mais pura solidão – quando possível; ou deixado de lado para dar lugar a patologias orgânicas, mentais, ou combinadas.

Assim sendo, o livro de Soares é um alerta e ao mesmo tempo um convite, para que as pessoas nesse momento de vida sejam consideradas em sua dimensão subjetiva, ou seja, que possam ser escutadas no verdadeiro sentido do termo: na busca de sua verdade, a partir das significações que pode construir, quando encontra um bom interlocutor. Ponto que pode parecer óbvio, mas que é praticamente desconhecido da maioria das pessoas, tanto as que envelhecem quanto seu entorno, e mesmo pelos profissionais que se dedicam a esta área – raramente a psicanálise é um caminho a ser indicado, muito menos buscado.

Flávia Paula Soares nos mostra os benefícios da escuta nesse momento da vida: como é importante para um sujeito em crise psíquica e física, poder ser escutado, se escutar e encontrar possibilidades de significação para sua história passada e para suas vivências atuais, de modo a viver de acordo com seu desejo.

Este livro é um material de leitura precioso, pela qualidade da pesquisa teórica e pela precisão dos conceitos trabalhados; pela abordagem transdisciplinar do processo do envelhecimento; pelos exemplos práticos que ilustram a rica discussão promovida. Tudo culmina na valorização deste conceito – *envelhescência* –, que destaca nesse processo a parte ativa que cabe a cada sujeito nesse momento da vida e o que pode haver – ainda – de transformador em uma história que se aproxima do momento de concluir.

São Paulo, 9 de junho de 2020.

LEDA MARIZA FISCHER BERNARDINO

Psicanalista, analista membro da Associação Psicanalítica de Curitiba, doutora em Psicologia Escolar e do Desenvolvimento Humano pela USP, com pós-doutorado em Tratamento e Prevenção Psicológica pela Université Paris VII. Atualmente exerce prática clínica na cidade de São Paulo.

SUMÁRIO

1 INTRODUÇÃO

1.1 ENVELHESCÊNCIA: de que se trata?

Como se pode definir a velhice? Como o último tempo natural da vida? A partir de qualidades psíquicas ou, ainda, de uma categoria social? Será que ela se resume ao humano, ao declínio biológico em direção à morte? Certamente cada resposta a essas questões abarca uma particularidade sobre o que se pode chamar de velhice. Sua definição é mesmo complexa, pois não encerra uma realidade bem definida.

Há uma velhice cronológica que, diante do correr dos relógios, indica um corpo em declínio natural ao final do curso da vida; há uma velhice burocrática que aponta para o tempo da aposentadoria e pensões[1], cuja consequência pode ser um recuo do sujeito diante do espaço social, um retorno ao espaço familiar e a diminuição do número de laços sociais e alterações nas questões geracionais. A sociedade determina o lugar do velho e ele o assimila por uma via que beira o espontâneo. Essa é a velhice social.

A nomeação da velhice revela a sua complexidade e particulares significações em relação ao campo social. O termo "velho", na nossa

1 BOBBIO, Norberto. **O tempo de memória**: de senectude e outros escritos autobiográficos. Rio de Janeiro: Campus, 1997.

sociedade, tem caráter pejorativo associado à inutilidade, mas pretendo aqui subverter tal noção e utilizá-lo para nomear o sujeito da velhice, destacando a singularidade de sua história pessoal e de seus aspectos psíquicos. O termo "idoso" refere-se a uma expressão anônima que designa uma categoria social generalizada associada ao estatuto político e econômico. Para Debert e Goldstein[2], o idoso é um conjunto autônomo e coerente que pode ser estudado e protegido em uma tentativa de homogeneização dos mais velhos, numa nova categoria social, que passa a impor um recorte específico à geografia social.

A expressão "terceira idade", designação mais recente dada à velhice pela gerontologia, segundo Debert e Goldstein[3], não carrega os estigmas depreciativos dos dois termos anteriores, mas junto com a denominação melhor idade exprime a velhice como um tempo privilegiado para as atividades, livres dos constrangimentos da vida profissional e familiar. Com o prolongamento da expectativa de vida, a terceira idade faz menção às relações geracionais, mas configura-se essencialmente como uma nova etapa relativamente grande da vida, como tempo de lazer quando se elaboram novos valores coletivos. Entretanto, muitas vezes, ele é utilizado como negação do envelhecimento orientado por ideologias e valores dos jovens – até o momento em que o declínio não pode ser mais negado[4]. Assim, os termos usados para designar a velhice no campo social – velho, idoso, terceira idade, e ainda, melhor idade – vão desde o pejorativo ao eufemismo de sua verdade.

O sujeito da velhice, no entanto, não está localizado em nenhum desses polos, mas circula de um ponto ao outro, está no espaço de sua articulação. Há a velhice psicológica e subjetiva, que é atribuída por

2 DEBERT, Guita; GOLDSTEIN, Donna (org.). **Políticas do corpo e o curso da vida**. São Paulo: Editora Sumaré, 2000.

3 *Idem*.

4 *Idem*.

alguns a uma perda de plasticidade psíquica[5], por outros, a formas de regressão libidinal que lhe seriam características[6] ou, ainda, pela relatividade de um tempo intensivo em que um minuto é vivenciado como uma eternidade ou como um piscar de olhos. É recente a ideia de um ato de subjetivação que venha transformar a vivência da velhice em uma experiência criativa de envelhescência[7] que subverte as noções anteriores de declínio e degeneração e aponta para uma saída sublimatória mais tarde na vida.

Finalmente, a velhice tem sua dimensão existencial, pois, como em outras situações humanas, segundo Beauvoir[8], "a velhice modifica a relação do homem com o tempo e, portanto seu relacionamento com o mundo e com a sua própria história".

Porém, se a velhice é complexa em sua definição, não é por ela ser considerada por várias dimensões, mas talvez por estar localizada justamente na conjugação desses vários aspectos, e em nenhum deles em especial.

A abordagem da velhice, na atualidade, está fundamentada pela hegemonia do discurso médico que, como saber técnico sobre a vida, tem abarcado todas as etapas do desenvolvimento do indivíduo, baseando-as em estágios normalizados por padrões biológicos universais. Nessa perspectiva, pode-se olhar para a velhice por diferentes prismas: pelo processo de declínio biológico normal, contextualizado em determinada cultura e sociedade, define-se o que é do campo da senescência – o estudo do processo de envelhecimento e pelo campo patológico, nomeado de senilidade, que está a cargo da geriatria.

---

5 FREUD, Sigmund [1937]. Análise terminável e interminável. **Edição Standard Brasileira das Obras Psicológicas Completas** – E.S.B., v. 23. Direção de Tradução por Jayme Salomão. Rio de Janeiro: Imago, 1974r.

6 FERENCZI, Sandor. **Para compreender as psiconeuroses do envelhecimento.** Obras Completas: Psicanálise III. São Paulo: Martins Fontes, 1993.

7 BERLINCK, Manoel Tosta. **Psicopatologia fundamental**. São Paulo: Escuta, 2000.

8 BEAUVOIR, Simone. **A velhice**: a realidade incômoda. São Paulo: Difusão Editorial, 1976, p. 13.

A gerontologia ocupa-se da velhice e divide-se em dois eixos: o da geriatria e o da gerontologia social. O primeiro concerne ao campo da Medicina e o segundo segue uma linha multidisciplinar. A gerontologia, como um campo mais amplo, tem importância determinante desde uma perspectiva histórica, por inaugurar a especificidade de um olhar sobre o velho, e por estabelecer conceitos sobre como se compreende a velhice e as psicopatologias ainda nos dias atuais. Entretanto, apesar da velhice se apresentar nas sociedades como uma suposta categoria universal, por consistir em um processo inerente à espécie, pois parte de um dado biológico elementar, ela será vivenciada diferentemente por cada um, em função de seu funcionamento subjetivo e da liberdade possível do sujeito, inserido em determinada cultura e época[9]. Assim, para a compreensão das psicopatologias na velhice e suas especificidades clínicas, proponho que se reconstruam novas significações, diferentes das que fundamentam os discursos existentes na sociedade complexa industrial.

A clínica com idosos demonstra que os acontecimentos que circunscrevem os contornos da velhice e seus desdobramentos psíquicos são mais complexos do que somente os decorrentes do inevitável declínio biológico. Fatores sociais e psíquicos intervêm sobredeterminando o próprio processo de envelhecimento corporal, de maneira que o lugar social do idoso mostra-se como ponto de articulação privilegiado entre os elementos biológicos estabelecidos pela senescência e as condições psicológicas determinantes das possíveis saídas psíquicas na velhice.

A psicanálise pode contribuir como instrumento teórico-clínico de acesso a essa época da vida e, nessa perspectiva, contamos com o conceito de envelhescência cunhado por Berlinck[10]. Para ele, a velhice pode ser definida como "um desencontro entre o inconsciente atemporal e o corpo, âmbito da temporalidade".

---

9 *Ibidem.*

10 BERLINCK, 2000, p. 193.

> [...] a envelhescência se distingue do envelhecer porque este é considerado, em nossa sociedade, como um estágio da vida que é desprezível. Os mais velhos são considerados uma espécie de praga que ataca as contas da previdência social, encarece o seguro saúde, pesa na vida dos mais jovens. Na envelhescência, ao contrário, o sujeito se vê na contingência de ter de pensar sua velhice, ou seja, distingui-la do preconceito e do estigma para que possa ser vivida com um mínimo de dignidade. Esse trabalho de pensamento é, via de regra, um esforço solitário, que pode enriquecer o mundo interno do sujeito[11].

A envelhescência é o trabalho psíquico na velhice, no sentido psicanalítico – como um trabalho de elaboração –, que tem especificidades relativas a essa fase da vida. A envelhescência vai além do processo de envelhecimento. Enquanto este evidencia um corpo que tem limite de ações, que implica finitude em relação à dimensão temporal e ainda uma significação social marginalizada, a envelhescência aponta para outra direção: ela é um trabalho psíquico necessário para recriar uma experiência – a de viver a velhice. A velhice, como envelhescência, é um tempo psíquico de rever a história pessoal, dentro de um contexto histórico mais amplo. Compreendo o que estou propondo com o termo "envelhescência", a implicação de diferentes níveis de organizações simbólicas, tanto as do campo social como também as das organizações do funcionamento psíquico do sujeito, em que participam as identificações imaginárias presentes nas relações com o seu semelhante, representante do campo sociocultural. Para Elias[12], "se o desenvolvimento histórico dos seres humanos for essencialmente

---

11 *Ibidem*, p. 196.

12 ELIAS, Norbert (1991) *apud* FEATHERSTONE, Mike; HEPWORTH, Mike. Envelhecimento, tecnologia e o curso da vida incorporado. *In*: DEBERT, Guita; GOLDSTEIN, Donna (org.). **Políticas do corpo e o curso da vida**. São Paulo: Editora Sumaré, 2000, p. 117.

um processo gradual de emancipação simbólica dos impulsos instintivos – há uma dependência crescente do social em vez do biológico", cujo conflito é com a cultura e não com a biologia.

Nesta obra, considero a velhice como sendo uma crise traumática cuja complexidade situa-se no arranjo entre o corpo, a subjetividade e o social, justamente na intersecção desses campos. Para dar conta dessa crise traumática, impõe-se a realização da envelhescência – como o trabalho psíquico na velhice.

A psicanálise pode contribuir para a compreensão da velhice, na medida em que considere sua articulação com diversas disciplinas e como leitura existencial do sofrimento humano encontrado na clínica, ao considerar as psicopatologias como fundantes da subjetividade. Na perspectiva psicanalítica, para contemplar a complexidade do objeto de estudo velhice, as psicopatologias são, por mim consideradas, como uma tentativa de simbolização, de realização de envelhescência, em uma época da vida em que questões traumáticas, tais como a perda de referências – sexualidade, trabalho dentre outras – intervêm desestabilizando o sujeito[13].

Neste livro, busco a aproximação e a compreensão da velhice em seus aspectos psíquicos, enfocando, sobretudo, as diferentes formas de vivê-la. A função das psicopatologias no velho – sujeito da velhice – será por mim abordada em sua relação com o processo criativo de envelhescência – um trabalho psíquico necessário na velhice – para assimilar os efeitos traumáticos que se impõem ao sujeito mais tarde na vida.

Diante da noção de envelhescência, suponho que a possibilidade ou não de sua realização – e as diferenciações de quando as psicopatologias são organizadoras ou desorganizadoras da subjetividade – está localizada na dimensão identificatória vinda do entorno do velho. As psicopatologias, mais do que somente a manifestação de um processo

13 JERUSALINSKY, Alfredo. Psicologia do envelhecimento. **Associação Psicanalítica de Curitiba em Revista** – Envelhecimento: uma perspectiva psicanalítica, ano V, p. 11-26, 2001.

de declínio biológico, como proposto pela geriatria e gerontologia, são também um pedido de manutenção de possibilidades identificatórias dadas por referências vindas do outro, investidas libidinalmente. Essas identificações agem como matriz simbólica para a organização egoica, como um pedido de reconhecimento pelo Outro[14] – lugar simbólico – de filiação[15]: pedido de função paterna para sustentação de seu lugar de sujeito psíquico[16]. Pretendo, aqui, redimensionar o conceito de velhice por meio do conceito de envelhescência, como um processo de reconstrução e ressignificação da experiência da velhice.

Na primeira parte deste livro, busco analisar a concepção de velhice dada pela gerontologia – por uma dimensão multidisciplinar –, passando pela metapsicologia psicanalítica, até chegar à possibilidade oferecida pela abordagem da velhice sustentada pela transdisciplinariedade. O que proponho é realizar o deslocamento do olhar predominantemente biomédico para uma perspectiva psíquica como conjunção dos aspectos sociais, psíquicos e biológicos. Na sequência, relato quatro casos clínicos sobre senhoras idosas que manifestam saídas psíquicas diferentes em relação à velhice e à envelhescência.

Na terceira parte, retomo o conceito de envelhescência e sua relação com os traumas e psicopatologias na velhice, cuja base teórica que proponho está localizada na capacidade de manutenção dos laços libidinais, na função da reconstrução da significação de sua história e, por fim, na reinserção do sujeito em uma filiação simbólica.

Em seguida, analiso os quatro casos clínicos descritos anteriormente, articulando-os com a envelhescência e as psicopatologias na

---

14 O termo "Outro" é característico da obra lacaniana e refere-se ao campo terceiro da linguagem, que pode ser representado como a cultura, a sociedade em sua configuração inconsciente..

15 SOARES, Flávia Maria de Paula. Des-envelhescência: o trabalho psíquico na velhice. **Associação Psicanalítica de Curitiba em Revista** – Envelhecimento: uma perspectiva psicanalítica, ano V, p. 42-49, 2001.

16 BERNARDINO, Leda Fischer. Crônica de uma morte anunciada – o suicídio na velhice. **Associação Psicanalítica de Curitiba em Revista** – Envelhecimento: uma perspectiva psicanalítica, ano V, p. 50-58, 2001.

velhice. Finalmente, faço algumas considerações sobre a especificidade da clínica com idosos, afetando o clínico, as quais, talvez, possam explicar o número ainda reduzido de profissionais, do "campo psi", que atuam com essa população no Brasil.

2

O CONCEITO DE VELHICE: DA GERONTOLOGIA À PSICANÁLISE

São muitos os olhares que se pode dedicar à velhice. Cada um deles, antes de ser apenas escolhas de diversos discursos sobre a velhice, é determinante do próprio objeto de estudo, e, ao definir posições particulares, constitui delineamentos éticos, políticos e metodológicos que produzem intervenções clínicas e efeitos terapêuticos diferenciados.

2.1 A GERONTOLOGIA: biomedicalização, prevenção e adaptação

2.1.1 O nascimento da geriatria e suas consequências sobre o conceito de velhice

A velhice é um fenômeno recente. Por mais estranha que possa parecer essa afirmação, já que é um acontecimento de ordem humana, a velhice como categoria populacional é herdeira dos avanços da medicina. A velhice, como acontecimento significativo em termos populacionais, deve-se ao aumento da duração média de vida das populações e ao aumento da expectativa de vida dos indivíduos. A duração média de vida amplia-se graças aos controles epidemiológicos e à consequente diminuição de doenças infecciosas; ao controle da mortalidade infantil;

e à melhora nas condições ambientais, de higiene e de alimentação[17]. O aumento de expectativa de vida dos indivíduos[18] ocorreu porque os danos provocados pelo envelhecimento foram minimizados por meio de tratamentos e medidas preventivas oportunas. Assim, não só os indivíduos passaram a viver mais anos na velhice, como também houve um aumento expressivo da quantidade de idosos na sociedade.

O nascimento de um olhar técnico-médico para as especificidades da velhice só surgiu no final do século XVIII e durante o século XIX, sobretudo na França, quando a percepção da doença e do corpo envelhecido constituiu-se como um saber pré-geriátrico referido como um discurso sobre a senescência[19].

Nicola[20] em seus *Fundamentos da geriatria e gerontologia*, explica que:

> Até a poucas décadas, as ciências da senilidade e da velhice quase se fundiam no conceito de terminação irreversível não se separando com clareza das clínicas do adulto, medicinas e cirurgias bem definidas que desconheciam quase totalmente os fenômenos da involução, em coincidência com uma certa noção social da inutilidade do velho, estorvo familiar e social inalienável, mas

---

17 NICOLA, Pietro de. **Fundamentos da Geriatria e Gerontologia**. São Paulo: Faculdade de Medicina de Pávia, 1985.

18 Consta, a partir do Censo de 2010 (IBGE, 2012), que, no Brasil, o crescimento da participação relativa da população com 65 anos ou mais, que era de 4,8%, em 1991, passou a 5,9%, em 2000, e chegou a 7,4%, em 2010 (INSTITUTO BRASILEIRO DE GEOGRAFIA E ESTATÍSTICA – IBGE. Sinopse do censo demográfico. Rio de Janeiro, 2010. Disponível em: https://biblioteca.ibge.gov.br/visualizacao/livros/liv49230.pdf. Acesso em: 05 jun. 2018). Atualmente (01/10/2018) os idosos representam 14,3% dos brasileiros, ou seja, 29,3 milhões de pessoas. Em 2030, o número de idosos deve superar o de crianças e adolescentes de 0 a 14 anos. Em sete décadas, a média de vida do brasileiro aumentou 30 anos, saindo de 45,4 anos, em 1940, para 75,4 anos, em 2015 (SALOMÃO, Erasmo. Estudo aponta que 75% dos idosos usam apenas o SUS. Ministério da Saúde, 2018. Disponível em: http://www.saude.gov.br/noticias/agencia-saude/44451-estudo-aponta-que-75-dos-idosos-usam-apenas-o-sus. Acesso em: 05 de jul de 2020).

19 HABER, Carole 1986 *apud* GROISMAN, Daniel. A velhice entre o normal e o patológico. **História, Ciências, Saúde**, Manguinhos, v. 9, n. 1, p. 61-78, jan.-abr. 2002. Disponível em: http://www.scielo.br/pdf/hcsm/v9n1/a04v9n1.pdf. Acesso em: 05 jul de 2020.

20 NICOLA, 1985, p. 10.

cujo fim próximo não atraía muito a atenção dos cientistas, a não ser como breves apontamentos sem interesse notável pela patologia e terapêutica.

Assim, os médicos do século XVIII e início do século XIX não viam os velhos como uma categoria separada de pacientes, requerendo tratamento específico. A maioria dos clínicos prescrevia para os velhos basicamente o mesmo que era prescrito para pessoas mais jovens, pois nem para o diagnóstico nem para a terapia consideravam-se as diferenças de idade[21]. Os médicos acreditavam que a debilidade da saúde não era um mal amenizável, mas uma característica essencial do processo de envelhecimento. O adoecimento seria um esperado e inevitável aspecto dessa época da vida e poucos eram os que se dedicavam a novos tratamentos para os velhos. Uma das teorias da época referente à senescência era o "vitalismo", em que

> [...] o corpo era concebido como tendo uma quantidade limitada de vitalidade dada ao indivíduo ao nascer e que era utilizada para o crescimento e desenvolvimento. À medida que este suprimento diminuía o corpo já na idade adulta, era capaz de se manter até a energia ser gasta, quando decairia lentamente[22].

Entretanto, ao longo do século XIX, um pequeno grupo de médicos franceses, entre eles Bichat, Brouissais, Charcot e Louis, começou a modificar essa visão tradicional sobre a velhice. Esses médicos propuseram uma nova maneira de entender os pacientes idosos, não os considerando apenas conforme a idade ou diminuição da energia vital, mas avaliando suas condições fisiológicas e anatômicas singulares. Embora o interesse desses pesquisadores não tenha

---

21 GROISMAN, 2002.

22 *Ibidem*, p. 68.

se voltado para os estudos da velhice, seus pacientes eram, em sua grande maioria, idosos. Definiu-se, a partir desses autores, a base clínica para a senescência[23].

Nesse momento histórico, o saber sobre a velhice confundiu-se com a história da Medicina. As mudanças de paradigmas podem ser exemplificadas pelas pesquisas de Bichat e, em seguida, de Charcot. Bichat delineou os princípios do vitalismo moderno, e sua maior contribuição para o estudo da velhice consistia na ideia da anatomia baseada em uma teoria dos tecidos. A doença teria origem nos tecidos, e em seguida, comprometeria os órgãos. Ao definir as doenças pelo exercício da anatomia patológica, a Medicina passou a buscar os seus sinais na superfície do corpo, o qual, portanto, tornou-se um sistema de significados. O discurso sobre a senescência tratava de diferenciar o corpo envelhecido do corpo jovem. A doença e a morte seriam inerentes à vida, e a vida dos tecidos seria a própria vida em miniatura[24]. O conceito de morte, a partir de Bichat, foi então relativizado. A morte transformou-se em um processo lento, parcial e progressivo, como pequenas mortes que ocorreriam no decorrer de toda a vida. O corpo envelhecido seria, portanto, um corpo morrendo. O saber sobre as especificidades da velhice associava os anos de vida não somente ao enfraquecimento e declínio geral, mas a condições corporais específicas da idade. A importância dessas novas leituras sobre a vida, o corpo e a morte inaugurou o desenvolvimento de um conhecimento medicalizado baseado na idade e formou, assim, a base para a futura geriatria.

Charcot, pai da neurologia moderna, a partir de sua experiência com os velhos da Salpêtrière[25], dedicou um de seus cursos às doenças na velhice, e, em 1881, escreveu as *Leçons cliniques sur les maladies des*

---

23 *Ibidem.*

24 KATZ, 1996 *apud* GROISMAN, 2002.

25 O Hospital da Salpetrière pode ser considerada o primeiro e maior asilo da Europa. Consta que dos 8 mil doentes, 2 ou 3 mil eram idosos (BEAUVOIR, 1976).

veillards et les maladies chroniques[26]. Nesse estudo, afirmou que a velhice devia ser considerada separadamente em suas patologias. Ela tornou-se um estágio distinto e irreversível do ciclo vital. Tanto os velhos como também outros grupos etários necessitariam ser tratados de acordo com os padrões apropriados para a sua faixa etária.

O envelhecimento causaria muitas alterações patológicas verificadas por sinais de esclerose e deterioração dos órgãos e tecidos, por meio de autópsias. Assim, aqueles que chegassem à velhice avançada teriam poucas chances de a viver sem doenças físicas e mentais. Mesmo os indivíduos ativos e aparentemente saudáveis, pelo processo de envelhecimento, teriam lesões internas que seriam sinais de doenças específicas.

Ainda no final do século XIX, os estudos de Teodor Schawnn e Rudolf Virchow deslocaram a importância dos tecidos para a célula. Esta passou a ser considerada a unidade básica da vida, responsável tanto pelo crescimento e desenvolvimento do indivíduo quanto pelo seu envelhecimento. O processo de envelhecimento passou a ser isolado em unidades cada vez menores, indicando que o processo de renovação celular se dava, na velhice, de maneira deficiente.

O envelhecimento foi definido, então, como coincidente com uma doença progressiva, causadora de múltiplas modificações fisiológicas, e essa visão que associa a velhice à doença marca de forma indelével toda a geriatria desde o início do século XX até os dias atuais.

O termo *geriatria* foi cunhado pelo médico norte-americano Ignatz Leo Nascher, em 1909[27]. O envelhecimento, para Nascher,

---

26 CHARCOT, Jean-Marie. **Leçons cliniques sur les maladies des veillards et les maladies chroniques**. Paris: Place d'École de Medicine, 1874 Disponível em: http://gallica.bnf.fr/ark:/12148/bpt6k6227985m. Acesso em: Acesso em: 05 jul. 2020.

27 No entanto o que se considera o início da especialidade médica situa-se no seu livro Nascher, *Geriatrics: the diseases of old age and their treatments*, de 1914, em que ele afirma a necessidade de uma prática médica específica para os idosos. NASCHER, Ignatz Leo. **Geriatrics:** diseases of old and their treatment. Filadélfia: P. Blakiston's Son &Co, 1914. Disponível em: https://archive.org/stream/geriatricsdiasc#page/n13/mode/2up. Acesso em: 05 jul. 2020. BEAUVOIR, 1976.

correspondia a um processo de degeneração celular caracterizado por processos patológicos. A velhice e a doença estariam inseparavelmente interligadas, se não fossem sinônimas.

> Na senilidade, a degeneração, as infiltrações, a atrofia, a hipertrofia, a ossificação, a calcificação, a esclerose, a anquilose, a contração, a compressão, as mudanças na forma e na constituição de novos tecidos, seriam todas, uma parte normal do processo de envelhecimento[28].

Nessa época, a avaliação e distinção entre os fenômenos da velhice e as doenças dependiam da subjetividade do clínico. Tanto Nascher como os predecessores franceses voltaram-se mais para as patologias da velhice do que para o seu tratamento. Este se resumia, na maioria das vezes, a medidas higiênicas como alteração de dietas e a utilização de tônicos e estimulantes. Prescreviam-se, também, atividades ocupacionais, tais como jardinagem, leitura, pescaria, bordados, e a companhia de uma pessoa mais jovem, de preferência do sexo oposto[29]. Sob tal ponto de vista, as patologias, ou melhor, as conhecidas polipatologias dos velhos seriam consequências das alterações morfológicas e funcionais observadas durante o decurso do envelhecimento. Dessa forma, o desgaste biológico aproximava a velhice da doença e, portanto, a prevenção da doença tornava-se a prevenção da velhice.

As concepções sobre as psicopatologias nos seus aspectos psíquicos sofreram também a influência dessa visão de velhice que foi historicamente estabelecida pela geriatria.

---

28 NASCHER, Ignatz Leo, 1914 *apud* HABER, 1986 *apud* GROISMAN, 2002

29 *Ibidem*, p. 76.

2.1.2 As psicopatologias pela perspectiva da geriatria: neuropsiquiatria e psiquiatria

Há uma tendência cultural atual de se pensar que as psicopatologias são inerentes ao processo de envelhecimento que caracterizam a velhice. Pode-se reconhecer a sua origem no reducionismo médico que afirma a etiologia das psicopatologias determinadas, desde essa leitura, por um desgaste e disfunções naturais e espontâneas do cérebro, relacionadas à biologia da senescência, o que nos coloca diante de uma teoria da degeneração natural ou hereditária vinda do real do organismo. Nessa perspectiva, as psicopatologias seriam a combinação da degeneração celular com o declínio físico que afetariam as características mentais e os comportamentais dos velhos em decorrência de uma degeneração cerebral. Nessa perspectiva, o tratamento das psicopatologias fica ao encargo de psiquiatras e neurologistas. A partir dessa concepção, as alterações dos aspectos psíquicos e sociais, que se observam na velhice, são consideradas consequências da doença e intervêm como coadjuvantes da manifestação sintomática, mas não na determinação etiológica.

Baseando-se, então, nessa teoria que se manifesta por uma especial atenção aos aspectos orgânico-cerebral, conforme Caixeta[30], as manifestações decorrentes de fatores psicológicos e sociais, quando ocorrem na velhice, são desvalorizadas. Assim, com grande frequência, o estatuto das psicopatologias na velhice associa o orgânico ao aspecto espontâneo do processo de envelhecimento e fundamenta, por sua vez, uma indiferença diante de sua manifestação, pois seriam "coisas de velho". Como exemplo,

> [...] a depressão, verdadeiro problema de saúde pública principalmente nesta faixa etária, geralmente é negligenciada, uma vez

---

30 CAIXETA, Leonardo. **Demências**. São Paulo: Lemos Editorial, 2004.

que a cultura está impregnada de conceitos como: "é a apatia da velhice"; "está assim porque realmente a velhice é triste"; "está sempre cansado e desanimado porque o organismo está desgastado e já não aguenta mais, entregou os pontos"[31].

As psicopatologias que se mostram mais frequentes na atualidade clínica nos indivíduos com mais de 65 anos são as diagnosticadas como demências (doenças orgânicas degenerativas), manifestações paranoicas e estados confusionais, e, finalmente, a depressão – que acaba sendo subdiagnosticada e, portanto, subtratada.

Conforme Saurí[32], o exercício da atividade psiquiátrica faz-se pelo exercício do poder do médico que detém um saber sobre o paciente. Ele ressalta que esse saber é realizado pela tarefa psiquiátrica do *olhar* desde uma perspectiva positiva e objetiva dos fenômenos pelos quais a doença mental tem o lugar de exterioridade ao indivíduo acometido por ela. Pereira[33] ressalta, no âmbito da psiquiatria, a condição clínica estruturada pelo olhar sábio do médico, pelo qual as psicopatologias são objetivadas por seu lado visível, como fenômeno observável no corpo. A tonalidade dessa leitura clínica pode ser melhor compreendida pela descrição da avaliação psiquiátrica feita por Irribarry:

> Uma avaliação psiquiátrica é um conjunto de exames. É preciso examinar as condições somáticas, neurológicas e psiquiátricas do sujeito que se apresenta. A este conjunto de exames é acrescentada uma observação clínica. [...] Esta etapa em que se examina o paciente que busca auxílio psiquiátrico resulta em um diagnóstico ao qual se acrescenta um tratamento. Depois de ser observado em

31 *Ibidem*, p. 30.

32 SAURÍ, Jorge. **O que é diagnosticar em psiquiatria**. São Paulo: Escuta, 2001.

33 PEREIRA, Mário Eduardo Costa. Pierre Fédida e o campo da psicopatologia fundamental. **Percurso Revista de Psicanálise**, ano XVI, n. 31-32, 2. sem. 2003/1. sem. 2004, p. 45-54.

sua semiologia e então classificado no amplo espectro nosográfico dos chamados transtornos comportamentais, o paciente recebe uma orientação de duas claves. De um lado, o medicamento, dado pela orientação farmacológica; de outro lado, algumas vezes, uma orientação por assim dizer, espiritual, a qual se estabelece por meio das possibilidades dele enfrentar um ambulatório e falar de seu sofrimento[34].

O tratamento, em geral, privilegia a medicação psiquiátrica ao velho, pois, diante de uma velhice assim considerada sempre patológica, em que a noção de envelhecimento saudável parece ter sido eliminada, não haveria muito a ser feito, a não ser a prescrição psicofarmacológica. O olhar do médico volta-se para a doença e não para o doente. Quando há a manifestação psicopatológica, a utilização de psicofármacos no cotidiano dos velhos frequentemente é maciça e produz efeitos extremos. De um lado, pode-se perceber que quando a prescrição e a dosagem de psicofármacos são adequadas e há a consideração de outros fatores, como os psicológicos e sociais, contribuindo para o estado psicológico do velho, ocorre um efeito efetivamente organizador da sua vida mental que ajuda na diminuição do sofrimento; de outro lado, pode ocorrer um efeito iatrogênico, quando o sujeito pode adoecer por estar regido "à base de" psicofármacos. Nesses casos, sua subjetividade fica alienada aos efeitos da medicação, em que se opera uma contenção química que objetaliza o sujeito da velhice e o impede de qualquer implicação em sua subjetividade por saídas criativas.

A intervenção psicoterapêutica na época da velhice é quase inexistente. Há uma realidade presente que se delineia desde o número restrito de profissionais que se ocupam da psicoterapia de indivíduos nessa fase da vida, até a crença, descrita anteriormente, atribuída à

34 IRRIBARRY, Isac. O diagnóstico transdisciplinar em psicopatologia. **Revista Latinoamericana de Psicopatologia Fundamental,** São Paulo, v. 6, n. 1, p. 53-75, mar. 2003. p. 55.

determinação de psicopatologias dadas pelo processo de envelhecimento. Diante deste, não haveria o que se fazer, pois os velhos seriam, por essa abordagem, resistentes a psicoterapias, por um envolvimento na doença e erros de cognição, manifestada pela frase de que "ele/ela já está velho/velha para mudar".

As consequências do reducionismo da visão biomédica sobre a velhice podem ser sérias, pois se as psicopatologias são consideradas como inerentes ao envelhecimento, o lugar do sujeito autônomo fica substituído por sua objetalização e fica-lhe vedada sua possibilidade de tratamento psicoterapêutico.

2.1.3 A gerontologia social e sua tendência multidisciplinar

A gerontologia social nasceu nas décadas de 1930 e 1940 e foi reafirmada na década de 1950 em decorrência da singularização do velho em relação ao seu comportamento, sua personalidade e condições sociais. Afirmava-se, àquela época, a existência de uma especificidade sobre a velhice[35], que passou a ser descrita como uma população, uma entidade demográfica. Há, em seu fundamento atual, uma espécie de tentativa de padronização de seu fenômeno. A velhice entra na descrição desenvolvimentista de mais uma – a última – etapa da vida, na perspectiva de um tempo linear.

O nascimento da gerontologia é precedido pelo surgimento da geriatria. O estabelecimento de uma especialidade médica para a velhice precedeu o seu desdobramento em uma área multidisciplinar. O termo *gerontologia* foi cunhado em 1903, pelo médico russo Metchnikoff, do Instituto Pasteur, e referia-se ao estudo potencial do prolongamento da vida por meio de intervenções médicas. Entretanto,

35 É interessante ressaltar que quando Nascher publicou *Geriatrics*, o prefácio foi realizado por Jacobi, considerado o pai da pediatria, que propôs, na época, a especificidade do desenvolvimento infantil. O trabalho de Nascher estabeleceu-se nessa mesma perspectiva, em relação aos velhos, mas com as dificuldades que compõem a complexidade desse campo, não obteve sucesso. NASCHER, 1914.

somente em 1939, Edmund Cowdry propôs que as questões da velhice fossem abordadas de maneira multidisciplinar[36], característica marcante até os dias de hoje.

O traço característico da gerontologia é sua perspectiva multidisciplinar que objetiva teoricamente o estudo do desenvolvimento "normal". Na prática, a gerontologia mostra-se frequentemente como uma continuidade do modelo médico aplicado às ciências humanas sobre a velhice. Assim, desde uma descrição do fenômeno e de sua relação com a realidade, a gerontologia aborda a velhice e o envelhecimento a partir de uma concepção de um desgaste biológico natural, geral e gradual com desdobramentos psicossociais.

A gerontologia não possui um método próprio, mas apresenta-se como uma coleção de disciplinas, cada qual com seu método, aplicadas ao objeto velhice[37]. Ainda hoje, a gerontologia está hegemonicamente calcada principalmente no modelo médico, e utiliza-se do eixo orgânico e fisiológico para descrever as manifestações dos fenômenos do envelhecimento em uma cronologia linear, baseada na idade, estritamente definida e limitada no tempo, de maneira sintética, com a maior exatidão possível[38]. Dessa forma, a gerontologia é uma disciplina multifacetada, já que o envelhecimento exige uma composição biopsicossocial, que, embora se pretenda compreender o indivíduo em sua integralidade, mostra-se descritiva e parcial pela predominante biomedicalização da velhice. Assim, pode-se notar, na perspectiva da gerontologia, uma verticalização do saber, em que o saber médico se apresenta com valor predominante em relação aos saberes de outras disciplinas. Há um esforço ideal, então, em se definir parâmetros sobre a velhice: qual é o seu início? Em que idade

---

36 GROISMAN, 2002.

37 *Idem.*

38 Nicola (1985) descreve as "idades de interesse geriátrico": de 45 a 60 anos é a idade pré-senil ou do primeiro envelhecimento; de 60 a 72 anos é a senectude gradual; de 72 a 90 anos é a velhice declarada e mais de 90 anos é a grande velhice.

se estabelece? O que, enfim, a caracteriza como processo normal? Qual é a idade real do corpo?

Ao se basear no processo de declínio biológico e considerar os campos psicológico e social como seus efeitos, a gerontologia aponta para o indivíduo submetido ao processo de envelhecimento em direção à morte. Ela propõe medidas adaptativas e preventivas a esse declínio, por exemplo, a ideia de atividade e lazer como uma saída de inserção psicossocial para a promoção da saúde na terceira idade.

Um exemplo dessa leitura é a "teoria do desengajamento". Conforme Salgado[39], o mais amplo estudo que fundamenta essa teoria foi realizado nos Estados Unidos, por Helen Cumming, que afirma que o engajamento ocorre pela inter-relação do indivíduo com a sociedade a que pertence; o desengajamento, nessa medida, diz respeito à retirada progressiva de pessoas envelhecidas do sistema social a que pertencem. A ideia central dessa teoria é que, na velhice,

> [...] manter-se em uma atitude engajada é difícil e, até mesmo um sacrifício para uma pessoa idosa, sobretudo quando se tem como parâmetros limitações físicas e mentais. [...] O engajamento pressupõe o cumprimento de um extenso e diversificado número de funções, acrescido da responsabilidade de corresponder às expectativas suscitadas nos demais membros do grupo social[40].

A validação dessa teoria, por seus defensores, baseia-se na ideia de que a morte de um indivíduo engajado é mais sofrida para a sociedade do que a morte de um indivíduo que não esteja mais no sistema. O segundo já teria o seu lugar assumido por outro mais jovem. Esse processo seria gradual, a partir da meia-idade, quando supostamente o indivíduo já teria como referência a sua finitude. O dispositivo

---

39 SALGADO, Marcelo. **Velhice, uma nova questão social**. São Paulo: SESC-CETI, 1982.
40 *Ibidem*, p. 73

social mais frequente de desengajamento é a aposentadoria. Há, implicitamente, uma questão que passaria por uma "espontaneidade" desse processo de retirada social, dada pela idade ou pelo declínio do corpo, quando se afirma o quanto é sofrido para o idoso corresponder às expectativas da sociedade.

Nessa concepção, há um saber padronizado sobre o idoso a partir de uma normalização externa ao sujeito, o que frequentemente dá o colorido ao lugar do velho ou como uma vítima marginalizada da sociedade, ou escravo de seu declínio biológico. A abordagem social tem caráter político-ideológico e circunscreve, em seu campo, as representações, atitudes e condutas coletivas que essa marginalização suscita em diferentes culturas. Da mesma forma, as questões econômicas para a subsistência de uma população que aumenta em quantidade e em número de anos vividos na velhice têm um custo social.

O psicólogo analisa as degradações progressivas das funções superiores – memória, inteligência e imaginação – e se esforça por fazer correlações internas e precisar interações ambientais, utilizando-se de psicotestes como metodologia diagnóstica[41]. Apesar de serem citados fatores sociais e psicológicos, eles ficam, na prática, remetidos a segundo plano.

Nessa perspectiva, o objeto da gerontologia – a velhice – constitui-se positivado, consistente e categorizado como universal. O padrão é dado pela normalidade como referência e parâmetro de intervenção. Isso implica que quando se fala "do velho", tem-se a impressão de que se sabe de quem se está falando. Como referência universal, trata-se do sujeito generalizado dado pela cronologia em decorrência dos fatores fisiológicos correspondentes, em uma clara alusão reducionista determinada pela hegemonia médica como modelo de diagnóstico e intervenção.

---

41 GAGEY, Jacques. Raisonner psychanalytiquement le vieillir? *In*: BIANCHI, Henri. (org.). **La question du vieillissement**: perspectives psychanalytiques. Paris: Bordas, 1989. p. 7-32.

2.1.4 Sociologia e antropologia: uma leitura crítica acerca da gerontologia social

Ao se situarem desde outro ponto de vista, diferente da leitura médica sobre a velhice dada pela geriatria e pela gerontologia social, a Sociologia e a Antropologia promovem uma possível ampliação de seus conceitos, e transformam o acontecimento biológico inevitável e irreversível da velhice em uma dimensão cultural e social. O corpo humano, como um recurso limitado em relação a um tempo linear e progressivo organizado pela percepção do presente, passado e futuro, é um artefato da cronologia e constitui o que se chama "o curso da vida". Trata-se de uma dimensão que coloca em questão os limites entre a cultura e a biologia.

Featherstone e Hepworth[42] indicam uma forte presença de um subtexto na gerontologia, em que o postulado principal é o problema tanto da sociedade quanto do indivíduo de aceitarem "o corpo em degeneração", aceitação proposta por uma dimensão adaptativa.

O envelhecimento biológico do indivíduo é, para a gerontologia, acompanhado por um envelhecimento psíquico e pela ruptura inevitável da vida ativa, tal como descrita pela teoria do desengajamento. A realidade de corpos em envelhecimento parece, nesse contexto, tornar-se ainda mais premente com o envelhecimento populacional e o aumento da expectativa de vida.

A associação entre envelhecimento e morte é colocada de forma crítica por Katz[43], inspirado em Foucault, como uma forma de utilização de poder imposto pela ciência médica quando afirma que o corpo envelhecendo está morrendo. Para ele, a velhice passou a ser vista como uma forma de patologia, e o corpo em degeneração tornou-se uma realidade medicalizada.

---

42 FEATHERSTONE; HEPWORTH, 2000, p. 113.

43 KATZ, 1996 *apud* GROISMAN, 2002.

A medicina tirou o corpo do contexto, situando-o biologicamente em termos de tempo e do espaço. No tempo, o corpo ganhou uma existência relativamente fixa, indiferente ao contexto moral, social ou ambiental da pessoa. No espaço, o corpo tornou-se uma rede fixa integrando células, tecidos, órgãos e sistemas circulatório, respiratório e digestivo. Num segundo plano, a medicina revestiu o corpo de significados da velhice por meio de uma série de técnicas de percepção que equiparavam doença patológica, degeneração e incapacidade à normalidade do corpo envelhecido. Os atributos da velhice e do corpo envelhecendo tornaram-se indicadores seguramente estabelecidos dos estados supostamente normais/ patológicos de cada um[44].

As pressões da profissão médica para reivindicar o monopólio das definições da natureza do envelhecimento humano e do estabelecimento do curso da vida organizada em termos de número de anos ou estágios consagrados pelo tempo afirmam o envelhecimento como uma degeneração inevitável inclusive nos campos social e psicológico.

A partir de uma abordagem sociopsicológica, interpretações alternativas ao conceito tradicional do curso da vida – que se detêm tanto na finitude do corpo como no corpo dicotomizado – transformam-se em um recurso poderoso para uma multiplicidade de esforços cotidianos, transformando as limitações corporais em uma energia potencialmente criativa. "Há uma possível aceitação do corpo em degeneração, mas simultaneamente uma rejeição das concepções socialmente construídas da concomitante debilitação social e psicológica"[45].

Essa leitura é enfatizada por Harré, baseado no argumento de que:

44 *Ibidem*, p. 114.

45 *Ibidem*, p. 113.

> [...] corpos são mais do que apenas entidades biológicas com propriedades que podem ser observadas empiricamente, pois diferem de outras "coisas" devido ao seu papel na incorporação da identidade pessoal e social: "corpos são corpos de pessoas". O ciclo biológico da vida é apenas um dentre três elementos. O curso da vida na sua complexidade também inclui um curso social de vida e um curso de vida pessoal para cada ser humano, cada qual com seu começo e fim[46].

Nessa perspectiva, a antropóloga Héritier[47] nomeia de ingênua e ilusória a concepção naturalista na qual haveria uma transcrição universal e única de fatos considerados de ordem natural, porque são os mesmos em todo o mundo, dados por uma natureza biológica comum. Ela ensina que "com um mesmo 'alfabeto' simbólico universal, preso na natureza biológica comum, cada sociedade elabora efetivamente 'frases' culturais singulares e que lhe são próprias". Featherstone e Hepworth[48] acrescentam que as condições físicas e biológicas entram na vida humana por meio das interpretações produzidas em diversas culturas, em períodos variados de sua história.

Torna-se, então, cada vez mais difícil defender qualquer tipo de divisão entre natureza e cultura na sociedade em que as reivindicações de disciplinas do conhecimento a uma autoridade absoluta e os limites entre elas já não podem mais ser mantidos. O envelhecimento afirma-se como um processo complexo e multidimensional, e a população que está globalmente envelhecendo, como variada e heterogênea. As implicações para a sociologia do envelhecimento e para a antropologia são claras: não é mais possível fazer, como se fazia num passado não tão distante, generalizações sobre o processo de envelhe-

46 HARRÉ, 1991 *apud* FEATHERSTONE; HEPWORTH, 2000, p. 115.

47 HÉRITIER, Françoise. **Masculino/feminino**: o pensamento da diferença. Lisboa: Instituto Piaget, 1996, p. 21.

48 FEATHERSTONE; HEPWORTH, 2000.

cimento, fundamentadas unicamente em suposições biológicas sobre as etapas da vida[49].

Na continuidade do propósito de aproximação da velhice em sua dimensão subjetiva e psíquica, pode-se encontrar na mesma época da construção de um saber pré-geriátrico na França – final do século XIX e início do século XX –, que inaugurou posteriormente o nascimento da geriatria e gerontologia, o início da constituição de um saber, dado pelo surgimento da psicanálise, por Freud. As referências em relação ao psíquico, ao tempo e ao corpo passaram, a partir da leitura psicanalítica, por uma transformação, desde seus pressupostos, o que pode trazer consequências em relação às concepções da geriatria e da gerontologia. Não se trata de uma análise comparativa – apesar de contrapontos que serão aqui explicitados –, mas sim de um corte epistemológico.

2.2 A PSICANÁLISE: a escuta, as pulsões, a metapsicologia

2.2.1 Um novo olhar epistemológico

A psicanálise realiza uma revolução epistemológica em relação ao saber constituído até o final do século XIX. A preciosidade da descoberta freudiana do inconsciente sexual, de outra cena que des-situa o sujeito de si mesmo, localiza-se no deslocamento do *olhar* dado na perspectiva clínico-médica para o campo da *escuta* do paciente. A palavra, o depoimento do paciente sobre a sua história, sob a regra de falar tudo o que lhe vier à mente e o analista escutá-lo sem ideias sabidas a priori revelam verdades singulares sobre o sujeito, sobre os seus sintomas e suas psicopatologias[50].

O que a princípio se mostra sem sentido na "associação livre" – falar ao acaso – aos poucos vai tecendo as significações mais íntimas, e

49 *Ibidem.*

50 BERLINCK, 2000.

paradoxalmente mais estrangeiras ao sujeito, mas que o tocam de maneira muito particular. O paciente é, desde então, um sujeito dividido e está implicado em seu sintoma, que se torna não uma manifestação correspondente à lesão orgânica, mas pela dimensão metapsicológica, uma formação de compromisso – entre instâncias que constituem o aparelho psíquico – em conflito. O sujeito, ao se reconhecer em seus sintomas, nesse percurso, pode simbolizá-los. O saber revelado pela psicanálise está no paciente, assim, a sua fala ganha acento privilegiado como instrumento de acesso ao saber, instrumento de cura, que o paciente contém, mas que também lhe é, a princípio, inacessível. O que se postula na psicanálise freudiana é que o sintoma contém um saber que, em sua manifestação, pede para ser ouvido, ou seja, ele já é uma tentativa de cura. Esse saber se dirige a alguém, a um interlocutor privilegiado – o psicanalista –, que, em sua escuta, sempre em transferência, reconhece o inconsciente sexual que determina essa fala e, principalmente, delineia-a como existência de seu desejo. Trata-se de um saber que pede uma escuta, e que, portanto, repete-se como um apelo para que o tratamento se dê extraindo da fala, do sofrimento do paciente, um ensinamento subjetivo.

A escuta clínica implica, nesse processo, tanto o paciente como o psicanalista. Se ao paciente cabe, pelo processo de análise, reconhecer a implicação de seu desejo em seus sintomas e, a partir daí, poder reconstruir saídas criativas, ao psicanalista resta implicar-se desde o seu olhar, desde a sua escuta, ambos sustentados por sua subjetividade. A clínica exige do psicanalista que ele responda à sua prática com seus recursos subjetivos. O psicanalista torna-se, então, implicado no tratamento e não somente um observador externo que aplica o seu saber sobre os fenômenos observados. A importância desse acontecimento é fundamental, pois a psicanálise desloca o saber do médico/terapeuta ao paciente e estabelece a importância do interlocutor no tratamento.

Berlinck ensina que o paciente "focaliza sempre um não saber no psicanalista, um buraco no saber instituído [...]. É este buraco que o analista transforma em receptáculo, que a transferência [...] promete preencher com um saber que o psicanalista não sabe"[51].

A metapsicologia freudiana, isto é, a elaboração de um corpo teórico, construído por Freud para compreender e explicar os mecanismos psíquicos inconscientes que determinam a subjetividade e condutas do sujeito, possui o caráter de se formular pelo que ele chama de "a feiticeira" ou "quase uma fantasia", uma ficção[52]. A teoria, em psicanálise, é uma ficção teórica.

A vida mental representada por Freud por um aparelho psíquico extenso no espaço é dinamicamente caracterizada como e por conflitos, economicamente por quantidades, ora em excesso, e represadas desembocando em desencadeamentos de neuroses, ora por investimentos em objetos[53]. O aparelho psíquico e o sujeito – equação final de seu funcionamento – são determinados pelo campo pulsional e modos de defesa contra as pulsões.

Insere-se aí uma dimensão psicopatológica inerente ao sujeito. O saber que se expressa em palavras, na transferência, é único e singular, porque é efeito de uma história e de um estilo de funcionamento particulares. Entretanto é também um saber genérico, pois pode-se encontrar os fundamentos de seu funcionamento nos ensinamentos construídos por uma metapsicologia.

A psicanálise configura a dimensão psicopatológica como sendo também de natureza psíquica e opõe-se à determinação puramente organicista, inaugurando o que se pode chamar de realidade psíquica caracterizada por um inconsciente sexual e pelo sujeito do desejo. Assim, as psicopatologias ficam também referenciadas à história de

---

51 *Ibidem,* p. 325.

52 FREUD, Sigmund [1937]. Construções em análise. **Edição Standard Brasileira das Obras Psicológicas Completas** – E.S.B, v. 23. Direção de Tradução por Jayme Salomão. Rio de Janeiro: Imago, 1974q.

53 FREUD, Sigmund [1912]. Tipos de desencadeamento das neuroses. **Edição Standard Brasileira das Obras Psicológicas Completas** – E.S.B., v. 12. Direção de Tradução por Jayme Salomão. Rio de Janeiro: Imago, 1974f.

vida do paciente e não somente a lesões cerebrais que localizam uma determinação orgânica. Por se tratar de palavras em transferência e, portanto, de um percurso essencialmente simbólico, torna-se possível uma reconstrução da história pessoal do sujeito. Na posição psicanalítica, o sentido dos sintomas, as psicopatologias são, antes de tudo, formações de compromisso, constituindo um sujeito e o implicando. A psicopatologia, longe de ser um elemento que desorganiza sistemas funcionais, é fundante da subjetividade, inclusive dando o colorido dos estilos subjetivos de cada sujeito.

Lacan sintetiza a originalidade do método inaugurado por Freud: "seus meios são os da fala, na medida em que ela confere um sentido às funções do indivíduo; seu campo é o do discurso concreto, como campo da realidade transindividual do sujeito; suas operações são as da história, no que ela constitui a emergência da verdade no real"[54].

Berlinck[55] nomeia a epistemologia psicanalítica como uma *epistemologia onírica*, dado o caráter ficcional que se presentifica no método da psicanálise – atenção flutuante e associação livre; na elaboração teórica dos conceitos fundamentais da psicanálise em noções tais como as pulsões, aparelho psíquico e, enfim, por constructos que possuem vida própria em relação ao suporte orgânico; pelo acento dado aos sonhos, chistes, atos falhos e esquecimentos, como reveladores de uma verdade do sujeito, de uma realidade psíquica. O espaço onírico do paciente, bem como os chistes, atos falhos e esquecimentos tornam-se as psicopatologias cotidianas que caracterizam a espécie humana, e que são, pela fala, os instrumentos de acesso à verdade do sujeito e sua cura.

A construção e reconstrução da história pelo sujeito em análise realizam a função de sustentação psíquica, pelo preenchi-

---

54 LACAN, Jacques [1953]. Função e campo da fala e da linguagem em psicanálise. **Escritos**. Rio de Janeiro: Jorge Zahar, 1998b, p. 258.

55 BERLINCK, 2000.

mento de lacunas da história do sujeito por construções. Essas construções, também de caráter ficcional, ganham força de veracidade para aquele que as constrói, porque têm ligação com o factual[56]. Trata-se de uma construção mítica que assume a função de realidade.

A epistemologia psicanalítica, sua fundamentação e método são de extrema importância para clínica com os idosos. O modelo de um aparelho psíquico colocado em relação à determinação psicodinâmica amplia a associação tão presente na cultura de uma degeneração biológica que inevitavelmente coincide com uma degeneração psicológica. A complexificação das possibilidades de entendimento da velhice como também o surgimento de possibilidades de intervenção oferecidas pela teoria e técnica da psicanálise implicam o sujeito tanto nas psicopatologias – de sua vida cotidiana – como em saídas criativas para a vivência de sua velhice.

A importância do deslocamento do olhar médico para a escuta na clínica com os idosos vai além da possibilidade terapêutica pela via da fala e da construção da história no processo analítico. Ela vem de encontro à reversão do lugar do velho estabelecido socialmente e assumido por ele, no qual ele é desautorizado em sua palavra, em seu saber. Essa desautorização vinda do campo social – pela aposentadoria, pela família ou instituição – esvazia-lhe o acesso à sua palavra, tira-lhe a interlocução e envia-lhe aos efeitos do envelhecimento orgânico.

Em seguida, serão explicitados conceitos e noções fundamentais da psicanálise para poder se pensar a velhice desde o prisma das contribuições psicanalíticas.

---

56 FREUD, [1937] 1974q.

2.2.2 As pulsões e o corpo

As referências em relação ao tempo e ao corpo passam, a partir da leitura psicanalítica, por uma transformação de seus pressupostos, em que o conceito fundamental da psicanálise – a pulsão – tem lugar privilegiado. Dentre as construções metapsicológicas, a convenção do conceito de pulsão apresenta-se como o motor da vida mental: "[...] tudo se restaura no nível da pulsão na medida em que sua ordem própria é restaurada. Nada se perde – nem o sujeito, nem o desejo, nem o amor, nem o sentido, ao contrário, é pela ordem pulsional que eles readquirem sua consistência, sua vitalidade"[57].

O conceito de pulsão como pressão constante vinda do interior e da qual não se pode fugir[58] estabelece uma posição ética. Esse conceito fundamental da psicanálise é o motor do aparelho psíquico e, principalmente, a essência da força vital. Se em um nível mais amplo de força ativa, a pulsão, em sua dimensão biológica, encontra-se na natureza como vida, intrapsiquicamente, ela é a sede do movimento e da própria existência do aparelho psíquico e, portanto, da condição humana[59]. Sua dimensão psíquica se dá em duas afirmações: na afirmação da vida e na do sujeito desejante – que nasce no enlaçamento do sujeito com o outro (semelhante) e com Outro, campo do simbólico que estabelece o sujeito do inconsciente, do desejo e da enunciação. A pulsão é a afirmação do desejo de desejo de desejo.[60]

A inteligibilidade das pulsões deve ser feita pelos próprios referenciais pulsionais[61], pois não se trata de tornar o inconsciente cons-

---

57 SCHIAVON, Perci. **O caminho do campo analítico**. Curitiba: Imprensa Oficial do Paraná, 2002. p. 99.

58 FREUD, Sigmund [1915]. Os instintos e suas vicissitudes. **Edição Standard Brasileira das Obras Psicológicas Completas** – E.S.B., v. 14. Direção de Tradução por Jayme Salomão. Rio de Janeiro: Imago, 1974i.

59 HANNS, Luiz. **Dicionário comentado do alemão de Freud**. Rio de Janeiro: Imago, 1996.

60 SCHIAVON, 2002.

61 *Ibidem*.

ciente, mas de um processo que se dá em outra cena, cujos benefícios são vivenciados pelo ego. Nas palavras de Lacan, "[...] é no nível das pulsões que o estado de satisfação deve ser retificado"[62], restabelecendo uma conexão entre saber e vida, entre representação e afeto.

O mecanismo do recalque, como descrito por Freud[63], esclarece que há dois componentes pulsionais que devem ser considerados: um que estabelece a dimensão econômica – que trata do afeto – e outro que é o conteúdo ideativo da pulsão que define a dimensão de sentido e trata das representações. O afeto é o que colore a representação, tornando-a particularmente significativa e singular ao sujeito. O afeto é a potência ativa que dá vida à representação, seu sentido e intensidade[64].

O conceito de pulsão define a noção de corpo em psicanálise. Freud descreve a pulsão como "um conceito situado na fronteira entre o mental e o somático, como o representante psíquico dos estímulos que se originam dentro do organismo e alcançam a mente como uma medida de exigência feita à mente no sentido de trabalhar em consequência de sua ligação com o corpo"[65]. Por estar localizado em uma fronteira, não exclui o somático nem o psíquico, mas os articula, isto é, há um funcionamento particular de cada funcionamento que se conjuga no campo pulsional.

Freud, em *O ego e o id*[66], desenvolve a noção de corpo como um ego corporal e o aparelho psíquico sendo corpo, no qual há a projeção de uma superfície, no que este corpo é visto, e nas vivências de toque que estabelecem a superfície dada pelo invólucro da pele. As vivências de ex-

---

62 LACAN, Jacques [1964]. **O seminário Livro 11**. Os quatro conceitos fundamentais da psicanálise. Rio de Janeiro: Jorge Zahar, 1985b. p. 158.

63 FREUD, Sigmund [1915]. A repressão. **Edição Standard Brasileira das Obras Psicológicas Completas** – E.S.B., v. 14. Direção de Tradução por Jayme Salomão. Rio de Janeiro: Imago, 1974j.

64 SCHIAVON, 2002.

65 FREUD, [1915] 1974i, p. 42.

66 FREUD, Sigmund [1923]. O ego e o id. **Edição Standard Brasileira das Obras Psicológicas Completas** – E.S.B., v. 19. Direção de Tradução por Jayme Salomão. Rio de Janeiro: Imago, 1974m.

citações internas, como a dor, configuram-se em uma superfície interna, que é também erogeneizada. Desde 1915, Freud atribui "a qualidade de erogeneidade a todas as partes do corpo e a todos os órgãos internos"[67]. A erogeneização corporal quer dizer que esses órgãos se comportam como órgãos sexuais, isto é, configuram um corpo de prazer marcado por traços que buscam a satisfação sexual[68] e, ao mesmo tempo, organizam a noção de eu, diretamente associado às vivências corporais, tendo registro inconsciente como marcação pulsional.

Há um soma, um orgânico com seu funcionamento determinado desde uma herança filogenética, genética e congênita com sua articulação própria. No entanto, em função da prematuridade da espécie, o campo simbólico enlaça-se ao campo somático e torna o corpo pulsional regido não mais somente pelo orgânico, mas também pelo significante, pela linguagem. O organismo é o corpo da velhice considerado pela gerontologia. O corpo pulsional, no entanto, é constituído desde uma excitação interna, da qual não se pode fugir, enlaçada ao campo simbólico na relação com o Outro. Cada parte do corpo é erogeneizada e, portanto, particularizada em sua marcação, como uma tatuagem simbólica que, mesmo invisível, produz seus efeitos. Mas onde estão esses efeitos? No soma, na mente? Entre um e outro, nem só em um nem só em outro.

Em *O estádio do espelho como formador da função do eu*, Lacan[69] apresenta-nos a noção do corpo imaginário constituído entre os seis

---

67 FREUD, Sigmund [1915]. O inconsciente. **Edição Standard Brasileira das Obras Psicológicas Completas** – E.S.B., v. 14. Direção de Tradução por Jayme Salomão. Rio de Janeiro: Imago, 1974h. p. 158.

68 "[As zonas erógenas] se comportam em todos os sentidos como uma porção do aparelho sexual. Na histeria, essas partes do corpo e os tratos vizinhos da membrana mucosa tornam-se a sede de novas sensações e de modificações de enervação (na verdade, de processos que se podem comparar à ereção), exatamente como acontece com os órgãos genitais sob as excitações dos processos sexuais normais. [...] A pele, que em determinadas partes do corpo se distinguiu como órgão sensorial ou se modificou em membrana é assim a zona erógena *par excellence*." (FREUD, [1905] 1974e, p. 171).

69 LACAN, Jacques [1949]. O estádio do espelho como formador da função do eu. **Escritos**. Rio de Janeiro: Jorge Zahar, 1998a. p. 96-103.

e 18 meses pelas identificações à *imago* do próprio corpo diante do espelho. Essa imago vem integrar, em uma totalidade, as vivências parciais da pulsionalização – integração sempre ilusória, mas organizadora – quando o sujeito assume uma imagem e se identifica com ela, propiciando uma matriz simbólica, base para as identificações posteriores e constituintes do eu. A função organizadora dada pela imago – representação inconsciente – se realiza porque a Gestalt característica da espécie humana possui "efeitos formadores no organismo"[70]. O que ainda era vivenciado pelo infans como um corpo marcado pulsionalmente aos pedaços e ainda sem condição de maturação do sistema nervoso, mas como uma potência, antecipa por meio da identificação à imago do corpo próprio uma condição corporal que se realiza no real por uma via virtual. A importância da identificação do infans ao corpo próprio – dada pela imago – enlaça o corpo como constituinte do aparelho psíquico, sendo também constituído por ele. Essa identificação ainda possui a função de organização de um eu e de uma economia libidinal que até então era problemática.

A imago narcísica, constituída no percurso especular, deverá ser investida reiteradamente pelos laços com o outro – pois a sua assunção é estabelecida por uma via alienante –, relacionando-se dialeticamente com o corpo pulsional, em vivências de totalidade e fragmentação que se alternam. Esse corpo imaginário possui, ainda, a importante função de identificação do sujeito com a espécie e o estabelecimento da separação do sujeito em relação ao outro.

Pela psicanálise introduz-se acentos essenciais para a compreensão do corpo erógeno: o primeiro é que esse corpo torna-se erógeno a partir de um investimento de libido vindo do outro, semelhante da mesma espécie, geralmente a mãe, que representa o campo do Outro, da linguagem, da cultura, e que se encontra com a pulsão. A identificação do sujeito com o outro é propiciada pela Gestalt da espécie na

---

70 *Ibidem*, p. 99.

presença do outro concreto. O corpo, para o sujeito, é um corpo que existe na relação com o outro. Nesse sentido, o verdadeiro espelho é o olhar da mãe enquanto função. O segundo acento trata do lugar a priori dado ao sujeito que está por vir no desejo parental, antes mesmo de seu nascimento, que o localiza em uma filiação geracional dada por referências à tradição, e simultaneamente, em uma suposição de um sujeito do desejo que está por vir: encontra-se a função do pai nas palavras da mãe.

O corpo enlaça o organismo ao erógeno, e assim torna-se assujeitado também às inscrições simbólicas e imaginárias desde as identificações com a espécie até as identificações com uma ordem cultural mais ampla. Entretanto o real do organismo – aparato filogenético e genético –, corpo que envelhece, mesmo ao sofrer influências do corpo simbólico e imaginário não deixa de envelhecer, isto é, de sofrer alterações homeostáticas, de mutação celular e perda de vigor físico. A noção psicanalítica sobre o corpo demonstra o fato muitas vezes observado na velhice de que o psíquico (e frustrações advindas do mundo externo) pode antecipar ou determinar a temporalidade do declínio corporal, isto é, do que seria da ordem do "declínio real" do processo de envelhecimento. Trata-se de diferentes histórias, de diferentes corpos: de uma história dos tecidos celulares, de uma história de marcações pulsionais e, ainda, de uma história libidinal narcísica, todas elas articuladas em um sujeito.

Na velhice, a pulsão como conceito limite entre o somático e o psíquico é colocada à prova dos extremos. A vivência somática não condiz mais com uma conjunção com o psíquico[71], e, diante de situações traumáticas o campo dos extremos, pode se impor pela vivência dos devaneios ou pelo abandono psíquico do somático ao se deixar morrer – suicídio não violento[72] – ou muitas vezes pelo ato suicida na

71 BERLINCK, 2000.

72 LACAN, Jacques. **Os complexos familiares na formação do indivíduo**. Rio de Janeiro: Jorge Zahar, 1987.

velhice. Bernardino[73] articula as dimensões simbólicas e imaginárias – narcísicas – do suicídio na velhice. Para a autora, diante de uma quebra narcísica, impõe-se a elaboração simbólica pela via da lei paterna, castração para que haja a sublimação, e, em sua falha, pode ocorrer a passagem ao ato, pelo suicídio.

2.2.3 Psicanálise e velhice

É pertinente falarmos de um conceito psicanalítico de velhice? Em outras palavras, em que a psicanálise pode colaborar com as questões da velhice? Algumas dificuldades de sua delimitação nos aspectos psíquicos se impõem pela psicanálise.

Freud, em *O método psicanalítico*[74], coloca empecilhos na aplicabilidade da psicanálise com pessoas de mais idade:

> Se a idade do paciente estiver na casa dos cinquenta as condições para a psicanálise tornam-se desfavoráveis. A massa de material psíquico deixa então de ser controlável; o tempo necessário à recuperação é demasiado longo; e a capacidade de desfazer os processos psíquicos começa a tornar-se mais fraca[75].

Nessa mesma direção, em *Sobre a psicoterapia*[76], Freud reitera a afirmação da idade como um impedimento para o processo psicoterapêutico em função do excesso de material psíquico e, portanto, de história diante de uma paralisação da função criativa do psiquismo:

---

73 BERNARDINO, 2001.

74 FREUD, Sigmund (1904 [1903]). O método psicanalítico de Freud. **Edição Standard Brasileira das Obras Psicológicas Completas** – E.S.B., v. 7. Direção de Tradução por Jayme Salomão. Rio de Janeiro: Imago, 1974c.

75 *Ibidem*, p. 262.

76 FREUD, Sigmund (1905 [1904]). Sobre a psicoterapia. **Edição Standard Brasileira das Obras Psicológicas Completas** – E.S.B., v. 7. Direção de Tradução por Jayme Salomão. Rio de Janeiro: Imago, 1974d.

A idade dos pacientes tem assim essa grande importância para determinar sua adequacidade ao tratamento psicanalítico, que, por outro lado, perto ou acima dos cinquenta a elasticidade dos processos mentais, dos quais depende o tratamento, via de regra se acha ausente – pessoas idosas não são mais educáveis – e, por outro, o volume de material com o qual se tem de lidar prolongaria indefinidamente a duração do tratamento[77].

Pode-se encontrar, ainda em Freud, em um de seus últimos textos, *Análise terminável e interminável*[78], a afirmação da atribuição da "falta de plasticidade psíquica em algumas pessoas muito idosas pela força do hábito ou exaustão da receptividade. Uma espécie de entropia psíquica"[79]. Jerusalinsky explica esse mecanismo de repetição e rigidez egoica experienciado pelo velho pela constatação do definitivo, "quando a repetição já aconteceu em um tal grau de insistência que deixa o sujeito desarmado para negar a constância de seu fantasma e de seus sintomas"[80]. Apesar de Freud[81] sublinhar as características da velhice que inviabilizariam o acesso a pacientes de mais idade aos benefícios da psicanálise, afirma que a qualidade de rigidez e falta de plasticidade psíquica não são características que se restrinjam ao fator idade, mas sim características próprias dos processos dados pelas neuroses, estando, dessa forma, presentes também em pessoas jovens.

Para uma aproximação psicanalítica desse tempo complexo em sua definição, é preciso que a velhice seja considerada um tempo psíquico e não cronológico em relação a uma realidade psíquica pulsional e não material. Como a realidade em relação ao corpo e tempo (e investimentos libidinais) se traduz no psíquico?

---

77 *Ibidem*, p. 274.

78 FREUD, [1937] 1974r.

79 *Ibidem*, p. 275.

80 JERUSALINSKY, 2001, p. 14.

81 FREUD, [1937] 1974r.

A princípio não há nada que justifique uma alteração metapsicológica dada pelo tempo, já que não há temporalidade no inconsciente (*id*):

> [...] os processos do sistema inconsciente são intemporais, isto é, não são ordenados temporalmente, não se alteram com a passagem do tempo; não têm absolutamente qualquer referência ao tempo. A referência ao tempo vincula-se, mais uma vez, ao trabalho do sistema consciente[82].

A atemporalidade inconsciente (*id*), antes de ser uma ausência de tempo, é – "o tempo o tempo todo" – a repetição das representações e dos mecanismos de funcionamento do sujeito que foram eleitos na infância e exercitados durante a vida com muito ou pouco sucesso diante das situações traumáticas[83]. Trata-se de um tempo sempre presente, inatual ou hiperatual em que "o 'é' tem a forma do presente atual, mas exprime a coexistência de um passado puro, de uma grande infância esquecida, enquanto ela é o fundamento do tempo, para além de todas as outras fundações"[84].

O tempo do inconsciente definido pela psicanálise não é o da cronologia, organizado em uma sequência linear e progressiva que, em relação ao corpo, define o curso da vida, mas é o tempo da intensidade, o tempo ampliado e ainda o tempo de uma reconstrução a posteriori. O tempo da intensidade está ligado às representações de prazer e desprazer e coloca o sujeito diante de uma relatividade da significação da vivência, isto é, transforma um minuto em uma eternidade ou em segundos que se aceleram. As representações mantêm-se com a atualidade do momento de sua inscrição, como uma experiência sempre inscrita desde uma exterioridade, como proposto por Beauvoir[85]: "O velho é o outro".

---

82 FREUD, [1915] 1974h, p. 214.

83 FREUD, [1937] 1974r.

84 SCHIAVON, Perci. **A lógica da vida desejante.** Curitiba: Criar Edições, 2003, p. 202.

85 BEAUVOIR, 1976.

Mas em um dado momento pode se encontrar a estranheza da assunção da velhice, quando o sujeito se surpreende ao se reconhecer velho, pois não conta com representações que se atualizariam no decorrer do tempo enquanto marcações inconscientes. Freud[86] mesmo relata não ter se reconhecido ao entrar em uma cabine de trem. Ele vê um senhor, pede desculpas pelo incômodo e em seguida percebe que era a sua própria imagem no espelho.

Lacan[87], em *O seminário: A angústia*, ao falar do corpo, indica-nos um caminho para a compreensão das transformações corporais que talvez seja útil para pensar a problemática da velhice em seu aspecto imaginário:

> Este corpo de que se trata, trata-se de entendermos que ele não nos é dado de modo puro e simples no nosso espelho, que, mesmo nesta experiência do espelho, pode chegar um momento onde esta imagem especular que cremos ter se modifica; o que temos à nossa frente, que é nossa estatura, que é nosso rosto, que é nosso par de olhos, deixa surgir a dimensão do nosso próprio olhar, o valor da imagem começa então a mudar, sobretudo se há um momento onde este olhar que aparece no espelho começa a não mais olhar para nós mesmos, *initium*, aura, aurora de um sentimento de estranheza que é a porta aberta sobre a angústia[88].

O movimento de historicização em psicanálise, que é a via possível de atualização das marcações inconscientes pelo ponto de vista de um eu atual, não segue uma temporalidade linear, como o descri-

---

86 FREUD, Sigmund [1919]. O estranho. **Edição Standard Brasileira das Obras Psicológicas Completas** – E.S.B., v. 17. Direção de Tradução por Jayme Salomão. Rio de Janeiro: Imago, 1974k.

87 LACAN, Jacques [1962-1963]. **O seminário Livro 10**. A angústia. Publicação interna da Associação Freudiana Internacional, Publicação de Centro de Estudos Freudianos de Recife para circulação interna. Recife, 2002.

88 *Ibidem*, p. 94.

to em uma linha desenvolvimentista, mas é uma história que reitera o repetitivo do sujeito infantil em uma temporalidade construída a posteriori. Nesse movimento, há uma construção temporal de um eu atual que conjuga o futuro em direção ao passado[89].

A psicopatologia em psicanálise como um estilo de funcionamento particular de um sujeito retoma, no campo pulsional, o mais antigo e o mais atual[90]. Se, por um lado, possui suas especificidades, por outro, mantém seu funcionamento metapsicológico. Características gerais de uma melancolia em um adolescente e em um velho são basicamente as mesmas. O que as diferencia talvez sejam os motivos desencadeadores de uma neurose[91], ou, ainda, a fragilidade psíquica frequentemente presente na clínica com idosos para se lidar com o adoecimento. No entanto trata-se de um sujeito e o que importa são os processos psíquicos aí implicados e não exatamente a sua idade.

Por se tratar de uma lógica pulsional, é sob os pressupostos fundamentais da pulsão que se deve tirar as consequências clínicas possíveis. Assim, se a psicanálise pode contribuir para a clínica "mais tarde na vida", não é em uma construção consistente de uma metapsicologia específica do velho, mas em questões da ordem da técnica, da transferência, da direção da cura, da questão temporal de um processo psicanalítico e dos conceitos fundamentais que suportam a metapsicologia e a clínica. Ela contribui com um novo olhar que permite uma nova escuta: se na gerontologia o velho é falado, em psicanálise ele se fala e, portanto, implica-se como sujeito em "sua" construção singular. Com o conceito de pulsão não se trata de consequências psíquicas e sociais decorrentes de uma alteração fisiológica, mas de um outro conceito de corpo que, desde o início, ou desde antes do início, já é social – no desejo dos pais, pelo campo do Outro – e é psíquico já

---

89 LACAN, Jacques [1953-1954]. **O seminário Livro 1**. Os escritos técnicos de Freud. Rio de Janeiro: Jorge Zahar, 1986.

90 SCHIAVON, 2002.

91 FREUD, [1912] 1974f.

que este nasce do sensorial. Assim, se a psicanálise contribui para a clínica com os idosos, é pela noção conceitual do sujeito do desejo.

Podemos trazer a suposição de que, ao considerarmos a problemática da pertinência da abordagem da velhice pela psicanálise, a referência possível é a pulsional, ou seja, de um corpo conjugado com o aparelho psíquico e enlaçado ao olhar do outro que remete ao campo do Outro.

Se a temporalidade inconsciente (*id*) é de um tempo intensivo, se as manifestações inconscientes são sempre determinadas pelas inscrições psíquicas do infantil, como definir, em termos psíquicos, as alterações dadas pelo tempo em um corpo real? Em outras palavras, o que justificaria, então, uma especificidade de abordagem da velhice e do processo de envelhecimento em psicanálise? A hipótese aqui levantada é que, se a gerontologia aborda a velhice desde um lugar de hegemonia médica, restringindo-se no aspecto orgânico do declínio biológico ou pela via do lazer e de atividades de realização no social, a via da psicanálise não abarca a problemática de uma mudança metapsicologica típica da velhice, mas contribui para a leitura e clínica com os idosos e suas especificidades técnicas.

Na sequência, vou abordar a noção de psicopatologia subjacente ao trabalho psíquico da envelhescência.

2.2.4 Psicanálise, psicopatologia e velhice

A palavra "psicopatologia" é decorrente do encontro de *pathos* e *logos*. Etimologicamente, *pathos* é paixão e traz em seu rastro o sofrimento e a passividade e *logos* é um discurso racional. Em *pathos*, há uma perspectiva subjetiva e singular de uma tendência forte o suficiente para dominar a vida psíquica[92]. Conforme Lebrun, "[...] as paixões não são contentamentos ou desprazeres nem opiniões, mas tendências, ou

92 LEBRUN, Gérard. O conceito de paixão. *In*: NOVAES, Adauto (org.) **Os sentidos da paixão**. *São Paulo: Companhia das Letras, 1987.*

antes, modificações da tendência, que vem da opinião ou do sentimento, e que são acompanhadas de prazer ou desprazer"[93]. Trata-se de uma dimensão econômica que está presente pela noção de afeto que a acompanha: prazer e desprazer – aumento de excitação e sua diminuição –, e que impõe ao sujeito "algo da ordem do excesso, da desmesura que se põe em marcha, sem que o eu possa se assenhorar desse acontecimento, a não ser como paciente"[94]. O sujeito da psicopatologia é um sujeito afetado, trágico e existencial.

É preciso esclarecer que a noção de afeto aqui considerada é o que compõe – em termos freudianos –, junto com a representação, a pulsão. Para ressaltar esse esclarecimento:

> [...] a noção de afeto introduz a vida no elemento do inconsciente, bem como a subjetividade na pulsão, na *vis activa*, dando margem a se pensar numa subjetivação propriamente pulsional, dotada de um saber infuso nos saberes de experiência. Quando se tem um inconsciente que se qualifica por uma subjetividade pulsional, a resultante dessa conexão conceitual – prática se define exatamente como um saber vital, saber do desejo[95].

Desde essa perspectiva, pode-se pensar a velhice em função de um discurso do sofrimento trágico e existencial que submete o sujeito: "[...] *pathos* vem de fora e vem de longe e toma o corpo fazendo-o sofrer"[96]. A velhice, segundo Beauvoir[97], é um irrealizável sartreano, ou seja, ela é exterior ao sujeito, vem de fora e se mantém com seu caráter de estranhamento.

A passividade define aquele que sofre uma ação:

---

93 *Ibidem*, p. 17.

94 BERLINCK, 2000, p. 7.

95 SCHIAVON, 2002, p. 8.

96 BERLINCK, 2000, p. 23.

97 BEAUVOIR, 1976.

> Diz-se paciente [...] àquele que tem a causa de sua modificação em outra coisa que não ele mesmo. A potência que caracteriza o paciente não é um poder-operar, mas um poder tornar-se, isto é, a suscetibilidade que fará com que nele ocorra uma forma nova. A potência passiva está então em receber a forma. [...] Padecer consiste essencialmente em ser movido. [...] O paciente como tal é que é, por natureza, um ser mutável, caracterizado pelo movimento[98].

Por ser imperfeito, ontologicamente, o humano é psicopatológico. Por ser imperfeito ontogeneticamente, o humano envelhece e é mortal. Ele sofre os efeitos de modificação dados pelo tempo no organismo. As paixões são inerentes ao humano, pois não há possibilidade de constituição e existência do aparelho psíquico sem *pathos*. Seria então a velhice prima de *pathos*? Como o sujeito reage ao que o torna passivo? Como se considera, se vive e se lida com as paixões? Como se sustenta a subjetividade no velho? O que permite que um sujeito utilize a via psicopatológica como organizadora e o que impossibilita esta empreitada?

Diante das paixões, pode-se tomar duas posições que estão sustentadas por duas tradições filosóficas: a aristotélica e a estoica, que definiram, por conseguinte, posições éticas diante das paixões. Para os aristotélicos, a paixão faz parte da condição humana, e extraí-la é tirar sua humanidade. Diante dessa tendência, constituinte do humano, há a possibilidade de a dosar. Essa paixão, que em excesso implica em sofrimento, pode e deve ser educada. O homem virtuoso é aquele que sabe dosar as suas paixões, sabendo delas usufruir, tirar proveito, dentro de parâmetros éticos. É por haver as paixões que há juízo ético. Segundo Lebrun, "um juízo ético seria simplesmente impossível se não houvesse como regular as paixões. [...] Sem as paixões, também não

98 LEBRUN, 1987, p. 18.

haveria uma escala de valores éticos. Sem as paixões, ou antes, sem a possibilidade que nós temos de dosá-las"[99].

A força das paixões impõe àquele a quem a ela se presentifica uma posição de passividade, de sofrimento perante sua atuação. As paixões produzem modificações naquele que as sofre. No entanto essa passividade diante de sua existência não significa que nada se possa fazer para se amenizar o sofrimento. Ao contrário, é por fazer parte da constituição mesma do humano que o paciente passional pode dosar, temperar suas paixões, ajustando-as às circunstâncias. Assim, "se um homem não escolhe as paixões, ele não é responsável por elas, mas somente pelo modo como faz com que elas se submetam a sua ação"[100].

O homem virtuoso, ético, é aquele que consegue atingir um equilíbrio, sempre delicado, de ajuste das paixões às circunstâncias. Esse percurso é singular, pois não há uma fórmula universal que o defina e o referencie, o que o torna relativo. "O homem virtuoso não é aquele que renunciou às suas paixões (como seria possível?), nem o que conseguiu abrandá-la ao máximo. [...] O virtuoso age corretamente, mas em harmonia com suas paixões"[101]. Para os aristotélicos, as paixões devem ser colocadas a serviço do *logos* e não opostas ou submetidas a ele, tornando-se joguete de suas tendências. A paixão, nesse sentido, é o motor das condutas e da razão.

Os estoicos, ao contrário, afirmam que as paixões devem ser extirpadas, pois tornam a pessoa fraca, passiva. As paixões são aqui tomadas como uma tendência irracional – *pathos* oposta a *logos* – que submetem a conduta ao sentimento de prazer ou dor. É um sintoma de uma fraqueza da alma que deve ser extirpada, impedindo radicalmente que um afeto se transforme em tendência.

---

99 *Ibidem*, p. 19.

100 *Idem*.

101 *Ibidem*, p. 20.

> Percebo alguma coisa, tenho um sentimento de prazer ou de dor – e é a representação que transforma este fato psicológico em uma tendência. [...] Assim, a tendência é sempre precedida de um juízo que pode me induzir a erro. Posso imaginar, por exemplo, que não é apenas necessário evitar a dor, mas que ela consiste em um mal absoluto e que deve ser extirpada a todo custo[102].

Para os estoicos, as paixões são pensadas como um fator de desvario e deslize, a partir de uma interpretação dada pela razão, e assim são sempre suspeitas e perigosas e devem ser extirpadas, extintas, tornadas exteriores a si. Nesse contexto, a paixão é sempre um sintoma de uma doença que não pode ser controlada. O apaixonado, para os estoicos, é incapaz de dominar o seu sofrimento. A paixão é tratada, assim, como uma doença, e a dimensão de *pathos* torna-se terapêutica. Trata-se de curar o apaixonado, extirpando o seu mal passional: pois ele é um doente e irresponsável por seu sofrimento. A profilaxia estoica aponta para uma posição apática (a-*pathos*) diante dos perigos das paixões, pois não há no homem uma vontade que possa dar conta das paixões sem ser destruído por elas, ou colocado fora de si mesmo.

Essas duas posições, mais do que somente tradições filosóficas das paixões dadas pela Grécia antiga, definem tanto o lugar do paciente e da doença como a direção do tratamento. Não são dicotomizadas, existindo nuanças intermediárias que precisam ser consideradas. Pode-se, no entanto, reconhecer na psiquiatria atual a proximidade com a posição estoica, na tentativa de extirpar toda e qualquer manifestação e existência pulsional, pois ela coincide com a doença.

Paradoxalmente, a psicanálise é exercida em uma combinação da ética com a terapêutica, pelo exercício do amansamento pulsional, e, portanto, pela dosagem das paixões cujo efeito é a relativização de *pathos*, submetendo o sujeito ao sofrimento psíquico, à sua psicopatologia.

102 *Ibidem*, p. 25.

Essa relativização, é preciso esclarecer, não se dá pela sua submissão ao *logos*, mas é efeito de um processo que ocorre em outra cena, pela intermediação da palavra, e os seus benefícios são vivenciados pelo ego. Mas a regra fundamental da psicanálise – a associação livre – revela esse outro funcionamento em que algo se fala, mais do que se pretendia falar, essa outra forma de saber que não aquela da lógica cartesiana, mas um saber corporal e psíquico, criativo, possuindo, sobretudo, um caráter intensamente íntimo e singular para o sujeito.

A psicopatologia é aqui considerada não só como um estilo de funcionamento psíquico de um determinado sujeito, mas, sobretudo, ela é o fundamento mesmo do psíquico[103]. Nessa perspectiva, as psicopatologias podem ter caráter tanto organizador como desorganizador de uma subjetividade. Esses destinos serão determinados por vários fatores, dentre eles está a "escolha da neurose" e, portanto, o modo de funcionamento psíquico do sujeito ao dar conta do que a vida lhe impõe, as contingências da vida e uma parcela de liberdade de escolha de como se lida com as pulsões.

Essas considerações acerca das pulsões e seus destinos estabelecem para o psicanalista a dimensão da direção do tratamento, isto é, se a sua leitura e intervenção estão na direção de extirpar as pulsões ou contam com a sua força ativa. A mesma questão se coloca para o sujeito: como ele lida com suas pulsões, realizando um trabalho psíquico para as dosar adequando-as às circunstâncias (psíquicas e da realidade) e reconciliando-se com elas? Tirando proveito delas quando transforma uma vivência pática em experiência? Responsabilizando-se e implicando-se, ou expulsando-as na tentativa de as extirpar, colocando-as incansavelmente no exterior, como uma doença que se abate sobre ele e o determina sem saídas?

E a velhice é considerada como fazendo parte da vida ou que deve ser mantida como exterior? Trata-se o velho como um doente e

---

103 BERLINCK, 2000.

conclui-se que as psicopatologias são próprias da velhice – como um fenômeno inerente e espontâneo a ela? Ou propicia-se um se implicar nisso e se inclui o velho em um resgate de sua subjetividade?

É no sentido de articular as contribuições da geriatria, da gerontologia e da psicanálise, em diálogo ainda com a sociologia, que proponho a noção de envelhescência para vir ao encontro da complexidade da velhice. A concepção de envelhescência permite encontrar o velho entre o biológico, o psíquico e o social por um sujeito que, sendo determinado pelo corpo (e pelo tempo real), por sua história e por seus mecanismos psíquicos, articula não só a realidade psíquica, mas também o aparelho psíquico como equação final da subjetividade, desdobrando-se na interpretação de uma realidade chamada "externa". Por meio da envelhescência[104] – o trabalho psíquico mediado pelo amor justo terapêutico –, o velho pode recriar a vivência do envelhecimento em uma experiência, um ato de subjetivação.

A envelhescência traduz o trabalho psíquico na velhice como a transformação de uma vivência em experiência, admitindo a concepção da epistemologia onírica da psicanálise e conjugando-a com os determinantes sociais e biológicos. É assim que se pode trabalhar com a ideia de envelhescência, porque ela articula o campo da atualidade extensa no tempo e no espaço, do aparelho psíquico e do inconsciente, com o corpo inscrito desde a temporalidade de sofrimento de um tempo cronológico e progressivo que produz efeitos corporais, e finalmente, mas não menos importante, a determinação que implica um espaço de localização social, cultural e de filiação a uma ordem simbólica, que parece se fragilizar na velhice.

Se o envelhecimento atinge a todos que chegam a uma determinada idade, ele impõe diferentes saídas psíquicas. Proponho, aqui, dentre essas saídas, a realização da envelhescência, saídas psicopatológicas na tentativa de sua realização, ou ainda, saídas psíquicas mórbidas

---

104 *Idem.*

em sua impossibilidade de efetivação. Os fatores determinantes para o sucesso da efetiva realização da envelhescência são – e pode-se aqui utilizar a contribuição freudiana[105] – a força dos traumas, a constituição psíquica do sujeito e, ainda, os fatores das circunstâncias – que resultam no psiquismo como a "força pulsional na ocasião".

Se a noção de envelhescência facilita a aproximação da abordagem da velhice, é pelo diálogo entre as contribuições vindas da geriatria com seu olhar para o biológico, genético e biomédico acerca do processo de envelhecimento e suas consequências clínicas; pelas contribuições da gerontologia com sua articulação com o espaço social e perspectivas adaptativas pela via do lazer na busca da reinserção social; pelas contribuições éticas, clínicas, metapsicológicas e metodológicas da psicanálise, a qual ressalta o olhar sobre o trágico da vida e a escuta sobre o sofrimento humano e, por fim, por sua conjugação inevitável com os discursos filosóficos, sociais, históricos, culturais, que são o Outro da velhice e são definidos por subjetividades e simultaneamente têm efeitos na subjetividade. Na clínica com os velhos, parece que o espaço de escuta por um interlocutor concreto – um semelhante, representante do Outro – é, na velhice, imprescindível para dar consistência à realização do trabalho psíquico.

A especificidade clínica dada pelo processo de envelhecimento tem consequências no aparelho psíquico, no processo secundário, nível egoico diante do real da velhice, mas não no funcionamento da temporalidade inconsciente, infantil, atemporal. Essa especificidade deve ser definida por um lugar de encontro da vertente desenvolvimentista, como fazem a gerontologia e a geriatria e com a atemporalidade do inconsciente, como faz a psicanálise. Assim, a velhice é um lugar de desencontro entre um corpo que envelhece e um psiquismo atual[106] que inclui o sofrimento humano existencial na relação do sujeito consigo mesmo, com o outro e ainda com o Outro.

---

105 FREUD, [1937] 1974r.

106 BERLINCK, 2000.

3

A CLÍNICA, OS CASOS, A FICÇÃO E A METAPSICOLOGIA

A pesquisa em psicanálise é um percurso que se inicia em um enigma e finaliza-se em uma construção metapsicológica[107]. O enigma de pesquisa é suscitado no psicanalista por algo que o afeta em sua clínica, pois ele nela está implicado pela escuta, pelo olhar e por seu *pathos*, isto é, pelo que nele é afetado pelo discurso do sofrimento do outro.

Trago aqui algumas histórias para mostrar a clínica na velhice e especificidades de sua intervenção. São quatro casos, quatro saídas psíquicas diante da velhice. Basicamente esse é o enigma que desorienta o psicanalista e que se reorienta pela metapsicologia. Pereira[108] ressalta que a psicanálise, ao valorizar o campo da clínica como dimensão de validação e de eventual verificação das proposições psicopatológicas, sustenta que a teoria que orienta a atuação do psicanalista deve partir de sua experiência clínica. Nesse sentido, o caso clínico é a referência necessária para a formulação – e não apenas ilustração – de uma teoria.

Fédida ensina que o "caso é uma teoria em gérmem, uma capacidade de transformação metapsicológica"[109]. Cada caso apresenta,

---

107 *Ibidem.*

108 PEREIRA, 2004.

109 FÉDIDA, Pierre. **Nome, figura e memória: a linguagem na situação psicanalítica.** São Paulo: Escuta, 1991, p. 230.

de forma dinâmica, a singularidade da história de um sujeito, configurada em transferência, e simultaneamente conjugada a referências metapsicológicas que privilegiam o geral da teoria. A metapsicologia é a referência teórica da psicanálise, é o campo que trata do singular e do universal dos fenômenos e das estruturas psíquicas fundamentadas numa tradição de pensamento, numa matriz cultural e de filiação teórica que foram delineadas no real da clínica. Ela é o constructo teórico que sustenta a psicanálise como leitura e intervenção clínica corroborada pelos seus acontecimentos, definindo uma práxis. O conceito de metapsicologia de Irribarry[110] enriquece a compreensão sobre esse

> [...] campo de conhecimentos psicanalíticos que vai da vivência de uma experiência à elaboração de uma ficção teórica. Da ficção teórica se vai à alteridade e, depois disso, retorna à experiência. Nesse processo, um saber pode ser construído e, assim, quando o pesquisador retornar à experiência poderá modificar e transformar radicalmente o seu sentido[111].

Assim, o caso clínico não é tratado aqui como uma descrição objetiva do relato, da história, ou mesmo da experiência da análise, mas sim de uma construção que tem caráter ficcional. Freud, logo no início de sua prática, em *Estudos sobre a histeria*[112], faz quase um desabafo ao revelar o estranhamento desse caráter ficcional do caso. Diz ele:

> Nem sempre fui psicoterapeuta. Como outros neuropatologistas, fui preparado para empregar diagnósticos locais e eletroprognose, e ainda me surpreende que históricos de casos que escrevo pare-

---

110 IRRIBARRY, 2003.

111 *Ibidem*, p. 59.

112 FREUD, Sigmund (1893 [1895]). Estudos sobre a histeria. **Edição Standard Brasileira das Obras Psicológicas Completas** – E.S.B., v. 2. Direção de Tradução por Jayme Salomão. Rio de Janeiro: Imago, 1974b.

çam contos e que, como se poderiam dizer, eles se ressintam do ar de seriedade da ciência. Devo consolar-me com a reflexão de que a natureza do assunto é evidentemente a responsável por isso, antes do que qualquer preferência minha. O fato é que o diagnóstico local e as reações elétricas não levam a parte alguma no estudo da histeria, ao passo que uma descrição pormenorizada dos processos mentais, como os que estamos acostumados a encontrar na obra de autores imaginosos, me permitem, com o emprego de certas fórmulas psicológicas, obter pelo menos certa compreensão do curso da afecção. Relatos desta natureza destinam-se a serem julgados como psiquiátricos; possuem, contudo, uma vantagem sobre os outros, a saber, uma ligação íntima entre a história dos sofrimentos do paciente e os sintomas de sua doença[113].

A especificidade de um caso clínico consiste na sua passagem pela subjetividade do clínico em que o autor está implicado na descrição e construção do caso e é nessa perspectiva que reside a potencialidade criativa da clínica e a subversão das decorrentes consequências terapêuticas. Em psicanálise, o caráter ficcional é dado pela natureza do conteúdo, mas também porque a técnica da psicanálise é formulada pela regra fundamental, a saber, a associação livre e atenção flutuante – na revelação de uma realidade psíquica. Segundo Fédida, "há um desejo de se compreender como tal história, se não causou tal patologia, ao menos deu ensejo às condições favoráveis de sua manifestação"[114].

Essas condições dadas pela técnica psicanalítica suportam o que Berlinck[115] chama de uma epistemologia onírica da sessão de psicanálise. As consequências e importância dessas afirmações são de que o caso não somente é uma construção ficcional, como só pode ser

113 *Ibidem*, p. 124.

114 FÉDIDA, 1991, p. 228.

115 BERLINCK, 2000.

formulado, só pode vir a existir se tiver este caráter verossímil à realidade, envolto por um véu onírico que possibilita um distanciamento, em termos de espaço e temporalidade psíquicos, para se transformar, então, a posteriori desde uma vivência – de *pathos* – em uma experiência: uma construção metapsicológica.

A ficção é verossímil, pois o verdadeiro do caso está no campo do real, no sentido lacaniano, ou seja, só se tem acesso a ele pela via simbólico-imaginária, que estabelece sua constituição semelhante à realidade.

É importante ressaltar a referência à alteridade, ao campo do Outro e, portanto, ao simbólico recortado em um rosto de cultura e sociedade de determinada época e encarnado no semelhante. Ao se remeter à alteridade, o clínico retira-se do risco de uma produção narcísica, pois oferece tanto uma referência de filiação a constructos teóricos que traçam as suas marcas no real como se coloca diante de uma comunidade mais ampla submetendo ao Outro a sua produção que pode legitimá-la ou não como contribuição metapsicológica. É com essa proposta de submeter à clínica a alteridade que descrevo e analiso os casos clínicos a seguir. O primeiro caso é uma descrição feita por Settlage[116] sobre Caroline, uma mulher de 94 anos em processo de análise. Os três casos seguintes – Irina, Ivone e Mauser – foram construídos a partir da minha vivência clínica em uma Instituição de Longa Permanência para Idosos[117].

Cada caso que será aqui descrito tem a particular função de suscitar questões sobre os diversos modos de se viver a velhice e oferecer oportunidade para a compreensão da complexa relação do lugar das psicopatologias na velhice e a função psíquica construtiva da envelhescência. Assim, o lugar das construções dos casos, nesta

---

116 SETTLAGE, Calvin F. Transcendendo a velhice: criatividade, desenvolvimento e psicanálise na vida de uma centenária. **Boletim de Novidades da livraria Pulsional** Centro de Psicanálise, São Paulo, ano X, n. 101, p. 56-74, set. 1997.

117 Como necessidade de confidencialidade da identidade, os nomes das pacientes foram modificados. Agradeço a oportunidade de trabalho à Cláudia Barão.

pesquisa, privilegia saídas psíquicas diferenciadas na relação do sujeito com a velhice, com a envelhescência e psicopatologias.

3.1 DESCRIÇÃO DOS CASOS

3.1.1 Caroline (94 anos)

Settlage[118] descreve, em um relato belíssimo, o tratamento psicanalítico de uma senhora que chamarei de Caroline – ele não lhe dá nome, chama-a simplesmente de paciente –, que era poeta e escritora e tinha sido professora de crianças. O tratamento deu-se em duas épocas diferentes. Iniciou-se quando ela contava com 94 anos – durando aproximadamente três meses – e, após cinco anos, quando ela então estava com 99, foi reiniciado tendo durado até a sua morte, com 104 anos.

De início eram amigos, compartilhando por meio de encontros mensais – graças a um amigo em comum – conversas sobre o desenvolvimento infantil, já que Settlage era psicanalista de crianças; com o início do tratamento, conforme o autor escreve, houve limitações nessa amizade dadas pelas restrições do próprio processo terapêutico.

O pedido de análise foi feito por meio de uma carta: "Gostaria de saber se faria a gentileza de marcar uma consulta para mim como paciente – eu sei que você trata de crianças, mas estou certa de que você poderia ser útil para mim. Não acho que preciso uma terapia prolongada e não gostaria de consultar um psiquiatra estranho(!)"[119]. Settlage continua: "na carta, ela identificou sua dificuldade como o sentimento de estar completamente confusa, desorientada e experimentando uma forte tontura e medo de cair. Havia me contado

118 SETTLAGE, 1997.

119 *Ibidem*, p. 57.

anteriormente sobre a recente morte do marido. Seus sintomas começaram aproximadamente três semanas depois de sua morte"[120].

O psicanalista aceitou Caroline em análise por ela ter se dirigido a ele mencionando que "não queria um psiquiatra estranho" e por seu estado de desamparo. Ele incluiu no texto que acatou o seu pedido, apesar da sua amizade.

No primeiro tratamento, quando ela estava com 94 anos, logo na primeira sessão, descreveu-lhe detalhadamente seus ataques de tontura e episódios de confusão e desorientação: "Tudo parece evanescente, como se estivesse evaporando"[121]. Ela pensava que a sua memória estava falhando e que estava ficando louca. Havia cuidado de seu marido doente por três anos antes de sua morte, aos 98 anos. O estado físico e mental de seu marido estava deplorável e, portanto, havia exigido-lhe muita dedicação. Ela sentia-se envergonhada e culpada por ter desejado que o período de doença do marido acabasse logo. Dizia que deveria sentir pesar, "como seria adequado". Era evidente, para o autor, que seus sintomas eram uma reação emocional a doença, morte e perda do marido. A sua falta de memória e tontura mostraram-se aparentes e não efetivas, do ponto de vista orgânico, pois cessaram após a paciente ter lhe falado, com dor, sobre não querer lembrar-se do marido em seu estado deteriorado. Em sessões seguintes, não sem resistências, manifestou a raiva presente decorrente do período em que cuidara de seu marido.

Toda e qualquer expressão de raiva era-lhe impossibilitada devido à rígida educação infantil dada pelos seus pais, pela qual não poderia manifestar qualquer desagrado e reação. O mecanismo utilizado por Caroline era, então, o recalque. Ele cedeu diante da intervenção do psicanalista que lhe disse que sua raiva era uma reação normal e natural àqueles anos difíceis. A sua culpa em relação ao marido fazia

---

120 *Idem*.

121 *Ibidem*, p.57.

com que evitasse os sentimentos de raiva, que não conseguia verbalizar, mas pôde ser expresso em poesia:

> A raiva come em meu coração, / Come e come, nunca fica saciada, / chamando com palavras combativas, /com gestos violentos. / O quieto "alguém" fica horrorizado - / Como acomodar este si mesmo interno, / Ou reconciliá-lo com a conhecida moderação? / Ela não tem lugar em mim, / Delimita sua própria queixa / Contra a qual não posso nem lutar nem aceitar. / Prostro-me perante ela. A raiva continua senhora[122].

A raiva da paciente tornou-se o foco principal do tratamento. Por ocasião da intervenção do psicanalista, associou-se o afeto recalcado – raiva – como a principal causa de seus sintomas – tontura e falta de memória –, tendo neles ganhado expressão. Os sintomas desapareceram. Nas semanas seguintes de tratamento, a paciente começou a fazer o luto da perda do marido e todos os seus sintomas desapareceram. Ela produziu, no ano seguinte ao falecimento do marido, cerca de 40 poesias, em um evidente trabalho de luto.

Entre o final do primeiro tratamento e início do outro, portanto no intervalo de cinco anos, o processo de senescência deixou suas marcas e a paciente tornou-se, por motivos práticos, mais caseira. O tratamento era então realizado na sua própria casa, pois apesar de estar mentalmente brilhante e de modo geral com boa saúde, houve um enfraquecimento de sua força física e uma notável instabilidade em seu andar. O seu mundo resumia-se à sua casa e restringia-se da cama para a cadeira de leitura e vice-versa.

Na primeira sessão, a paciente informou que as sessões aconteceriam em seu estúdio em vez de na sala de estar, onde geralmente

122 *Ibidem*, p. 58.

se encontravam como amigos. Ela reconhecia e delimitava, assim, a diferença entre a relação terapêutica e a de amizade.

A sua queixa era a presença de palpitações graves e intermitentes, que ocorriam quando acabava de acordar e quando ia dormir, ou após a sesta. Como o seu médico não achara nenhuma alteração cardíaca e, diante de seu estado físico, uma medicação mais forte seria contraindicada. Caroline consultou o psicanalista e disse-lhe que "as minhas palpitações devem ser psicológicas, então vim vê-lo"[123].

Logo na primeira sessão surgiu a preocupação de Caroline com a morte, representada por um sonho que confundia a morte de sua prima mais velha e a de um primo. Não estava claro se tinham morrido de um ataque do coração. Nas associações sobre o sonho, surgiu a morte de um irmão de 4 anos, quando ela estava com 6 anos, e a morte de outro irmão, de 18 meses, quando ela contava 12 anos. Caroline lembrava-se de ter tido, durante a infância, pesadelos recorrentes de estar sendo enterrada viva. Ainda na mesma sessão, relatou o hábito de contar na hora de dormir e na hora de acordar pela manhã. Contava de três em três para afastar o mal como em uma reza. Settlage[124] comentou que ela então utilizava a defesa obsessivo-compulsiva para regular a sua raiva reprimida.

Na segunda sessão, Caroline disse-lhe que havia descoberto uma pista para compreender as suas palpitações: elas relacionavam-se com a contagem.

> É como o meu não conhecimento sobre a minha raiva no primeiro tratamento. A palpitação deve expressar meu medo de desaparecer. Cada vez que eu me levanto, sou lembrada de minha mortalidade, e a minha contagem afasta a realidade da morte. No final das contas, em minha idade, a morte está sempre pronta a mostrar suas asas[125].

---

123 *Idem.*

124 *Ibidem.*

125 *Ibidem,* p. 61.

Em suas associações surgiu a oração de infância que se iniciava com "agora estou me deitando para dormir" e parava antes da frase "se eu tiver que morrer antes de acordar". Estava compreendendo que a aceitação da morte que pensava estar realizando era apenas intelectual e não emocional.

As sessões tinham a frequência de duas vezes por semana. Dois temas psicopatológicos surgiram nesse segundo tratamento: a raiva recalcada por Caroline e o desejo de intimidade frustrado durante toda sua vida. O autor do texto afirmou que ambos tinham a sua origem na experiência pré-edípica. Apesar de haver material edípico, pois o bebê que morreu aos 18 meses tinha sido fantasiado pela paciente como sendo seu, suas associações referiam-se mais a sentimentos de amor e criação com relação ao irmão do que à rivalidade com a mãe e à possessividade com o pai. Tratava-se, no entender do psicanalista, de um estágio de relação dual.

A paciente era muito sensível a separações, justificada pelo fato de, por volta de dois anos após o início do segundo tratamento, ter havido uma interrupção de duas semanas do tratamento psicanalítico, quando, simultaneamente, sua filha também se afastara. Logo antes da interrupção temporária do tratamento, Caroline disse a Settlage que viajaria com a filha, algo impossível pela sua condição física. Durante as duas semanas de separação, ela escreveu em um "diário": "Vou dirigir estas observações a você, já que será o único a lê-las". Escreveu sobre o seu sono e palpitações e "não estou perturbada com a sua ausência. Minha filha voltou após três dias fora. Sem os dois, eu tinha a impressão de abandono"[126].

Após um breve período de tempo, a raiva recalcada de Caroline emergiu na transferência, quando ela afirmou que "você me entende intelectualmente, mas não empaticamente. Você está sempre me dan-

126 *Ibidem,* p. 62.

do explicações intelectuais"[127]. Na sequência, contou-lhe um sonho que a havia perturbado, pois as pessoas não fizeram nada diante de um adolescente que esmurrava um menininho. A paciente interveio e fez o adolescente parar.

O analista, diante da falta de associações por parte da paciente, perguntou-lhe se o adolescente poderia ser ele e, contornando a questão dos murros, ela disse com humor que na idade dela, ele, certamente, seria um adolescente. O analista, então, compartilhou com ela a sua preocupação com as palpitações que não cessavam e a sua associação – por ele estar esmurrando-a com suas interpretações. O efeito dessa intervenção foi que as palpitações diminuíram ao despertar e quase desapareceram.

A resolução da raiva fora evidenciada por meio de um poema feito por Caroline e dirigido ao psicanalista: "Esqueci seu nome / E seu rosto / Mas lembro da sombra / Entre suas mãos e de / Seu trabalho"[128].

Ela entendia que havia uma restrição na relação de amizade – pela própria relação psicanalítica – que a tornava limitada e não uma "amizade verdadeira". A raiva, que não podia se manifestar durante a vida da paciente, era sempre considerada um risco de rompimento de uma relação amorosa. À medida que a análise prosseguia e ocorria a resolução de conflitos, Caroline chegou a sentir que a expressão de raiva tinha maior possibilidade de ajudar a manter do que destruir relações.

O segundo tema, sobre o desejo de intimidade presente durante toda a vida de Caroline, surgiu com embaraço e tardiamente no tratamento, quando ela admitiu o seu desejo insatisfeito. Dizia que sabia ter sido muito amada pelo marido, amigos e família, mas que de fato percebia não ter sentido seus pais como verdadeiramente amorosos.

Na continuidade do tratamento, Caroline, após ter dito ao psicanalista sobre a sensação de bem-estar após a sessão anterior, disse

---

127 *Idem.*

128 *Idem.*

também que "devia ser pela nossa relação inconsciente", que "poderia levar a algo ruim". Em sua associação surgiu a lembrança da lua de mel com o marido, e diante da pergunta feita pelo psicanalista se essa relação inconsciente a perturbava, ela respondeu: "sim, você deve fixar o limite em outro lugar, senão a relação vai se desfazer"[129].

Na sessão seguinte, ela disse que havia percebido por que estava tendo ataques de angústia a propósito da sua relação inconsciente: "Não se sabe onde isto vai dar; se o inconsciente for liberado, podemos ficar apaixonados"[130]. O analista respondeu que era casado e que os sentimentos amorosos eram normais no tratamento, e até faziam parte do processo terapêutico. Ele garantiu-lhe que estaria cuidando para proteger a relação terapêutica. Caroline disse estar aliviada. Na sessão seguinte, disse-lhe que não tinha mais medo da morte: "É como se eu buscasse a morte do mesmo modo como imaginei a viagem com a filha"[131].

A paciente então sonhou com um amigo, já morto, de seu marido. Ele estava vivo. Alguém no sonho perguntou-lhe: "O que é a morte?". E a resposta é um tanto vaga. A reação de Caroline é que para alguém que está tão perto da morte, ele deveria saber mais sobre isto. Mas ainda no sonho vem-lhe à cabeça: "A morte é uma dádiva!" e, em associação, concluiu:

> A morte realmente é uma dádiva – uma dádiva para os sobreviventes e uma dádiva dos sobreviventes entre eles. O presente é amor. Não quero que minha morte seja uma carga para minha família e amigos. Eles devem pensar em mim como tendo me unido à corrente da vida, como estando com outros que morreram[132].

---

129 *Ibidem,* p. 63.

130 *Idem.*

131 *Idem.*

132 *Ibidem,* p. 64.

A relação terapêutica terminou com a sua morte. Settlage descreveu: "Ela estava lúcida quando a iminência de sua morte se tornou aparente. Ambos tivemos sentimentos intensos de perda e tristeza"[133].

> Quando eu tiver ido / Não deixe ninguém sofrer./ Pensem antes que eu viajei / Para viver com grandes lendas, / Verdes canções / E como Deus, eu mandaria para vocês / Dor comedida / Para clarear os olhos / Pela grande inundação / De meu amor[134].

3.1.2 Irina (86 anos)

Eu conheci-a no primeiro dia em que entrou na instituição de longa permanência. Ela estava na cama, com dificuldades para se sentar por causa de um problema de coluna. A sua institucionalização ocorreu em função de dificuldades corporais ocasionadas pela velhice. Queixava-se de terríveis dores na coluna. Tinha caído inúmeras vezes, em casa, batendo fortemente a região cervical e em muitas dessas ocasiões ficava por horas caída no chão, e seu marido, preso a uma cadeira de rodas, tentava ajudá-la sem sucesso. Teve um ferimento em uma das pernas, no qual uma mosca varejeira botou ovos, infeccionando o local, e, por consequência, foi necessário fazer um enxerto de pele. Ela encontrava-se em um evidente estado de descuido corporal quando amigos intervieram, por motivos práticos, encaminhando o seu internamento na instituição. Seu marido, no entanto, permaneceu em casa.

Eu apresentei-me como psicóloga e propus-lhe que tivéssemos um espaço para conversarmos nos dias em que eu estaria na instituição. Ela aceitou prontamente, e passamos a ter as nossas "palestras", como ela chamava.

---

133 *Idem.*

134 *Ibidem*, p. 73.

Irina era uma mulher de origem russa, que desde a infância foi uma sobrevivente. Por ocasião da Revolução Russa, sua mãe, após o assassinato de seu marido, fugiu para a China com cinco filhos, entre eles, Irina. A paciente passou a metade de sua vida na China e falava vários idiomas: inglês, chinês, português, e, é claro, o russo, a sua língua materna.

Seu primeiro marido era canadense e o segundo ela encontrou quando se tornou ginasta. Ele era o seu treinador. Teve um filho que morava na Rússia e com quem não tinham contato. Um de seus irmãos morava em outro continente e frequentemente lhe telefonava.

Chamava-me de "minha menininha" ou "minha pequena querida", formas carinhosas no diminutivo e que descobri peculiares do idioma russo, sua língua materna.

Sua institucionalização fora sentida, de início, como uma possibilidade de descansar de suas dores corporais. No entanto, em seguida, foi vivenciada como falta de liberdade por ter que se adaptar às regras da instituição, dizendo-me que pensava que iria enlouquecer ali, pois não podia sair, tinha que tomar banho no horário que lhe era imposto, mas adorava as deliciosas refeições. Era-lhe muito difícil suportar o tratamento.

Paralelamente às queixas sobre a instituição, havia uma construção delirante na qual o seu marido Ivan teria ido visitá-la e que o tinham trancado em um quarto escuro, sem água e sem banheiro e que ele, desesperado, havia pulado do terceiro andar e estava todo machucado. Pediu-me para verificar se ele estava bem. Seu sofrimento era evidente: contava-me isso em voz baixa e com o olhar entristecido, visivelmente preocupada com o marido. Ele a visitava com pouca frequência, pois não podia se locomover com facilidade.

Em uma sessão seguinte, Irina perguntou-me se eu conhecia algum ônibus que passasse ali por perto, porque ela receberia alta, já que tinha muitas coisas para fazer: dizia-me que a sua casa tinha sido roubada e "*tinham lhe roubado tudo por dentro*".

Passamos a ter "palestras" com uma frequência aproximada de duas vezes por semana, dentro da rotina do funcionamento da instituição: eu a acompanhava em suas atividades, na hora do café ou do jantar. Conversávamos em seu quarto ou no espaço coletivo. Algumas vezes eu a convidava para conversarmos em um ambiente mais reservado, sobretudo quando ela não se mostrava estar bem. Em algumas situações, eu mediava a sua relação com a equipe de enfermagem, intervindo sobre os horários de seu banho, ou minimizando alguns dos efeitos, para ela, desagradáveis da institucionalização.

Por muitas vezes, no decorrer das palestras – que ela descrevia à moda pré-psicanalítica como uma "*limpeza de cabeça*", por meio da qual se sentia aliviada –, passava a falar em russo, expressando-se fluentemente. Às vezes, eu pontuava-lhe isso, e, em outras, apenas a escutava, já que se tratava de uma língua verdadeiramente estrangeira para mim – compreendendo, no entanto, a função estruturante do seu falar em transferência, quando a minha função resumia-se em uma presença de escuta, de um olhar, de um rosto ao qual ela pudesse se dirigir, e não propriamente na significação de seu discurso. Enfim, percebia a necessidade da existência de alguém que lhe desse a consistência da presença do humano como interlocutor; alguém que lhe desse suporte para construir um trabalho psíquico.

Ela solicitava os atendimentos, pedia garantias da continuidade desse espaço – "*para não enlouquecer*" –, e diante de alguma falta minha, ou pela distância entre os atendimentos, pela rotina mesma do meu trabalho na instituição, ou ainda, por ela estar dormindo quando eu estava lá, dizia "*ter sentido a minha falta e que tinha perdido uma amizade sincera e queria ver se a nossa amizade poderia aflorar novamente*". Outras vezes, dizia-me que tinha me procurado, que estava me esperando, e em outras, ainda, reclamava que eu não conversava mais com ela. Quando eu tinha que ir embora e comunicava isso a ela, trazia mais um assunto e mais uma frase e mais outra e outra...

Irina alternava dias em que estava tranquila – relacionando-se mais com as pessoas –, em outros dias, que eram os mais frequentes, nos quais apresentava um discurso delirante ou um modo apático, que se manifestava em sua postura corporal, desânimo e sonolência acentuados. Quando não se sentia bem, geralmente estava em uma cadeira de rodas, mais dependente dos cuidados dos outros, e quando estava disposta, conseguia andar, ficar de pé, sem a ajuda da enfermagem. Ora sua manifestação era subjetiva, ora corporal. E sua manifestação subjetiva tornava-se evidente em sua postura corporal.

Nesses momentos em que estava bem, falava-me do processo de ressecamento dos caquis na China, ou sobre as transformações da gramática da língua russa, de sua experiência como professora de inglês na China ou sobre horóscopo, sobre o meu, sobre o dela.

Seus delírios referiam-se ao seu relacionamento com Ivan e sobre sensações corporais: dizia-me que "*tinha tido um enfarte e que por sorte a enfermagem lhe dera uma medicação certa senão teria morrido. Tinha chorado a noite inteira e tinham lhe tirado da cama com chicotadas*".

Eu notava alguns desencadeantes de situações de maior conflito: quando seu irmão telefonava, ficava confusa e agressiva. Negava-se a tomar a medicação e tinha ideias persecutórias. Ficava angustiada, não conseguindo falar direito. Em uma ocasião específica, disse-me que "*ele estava morrendo, pois cortaram os seus pulsos e sua nuca e que ele estava morrendo...*" Em seguida, disse-me que estava toda quebrada com dores nas costas, de raiva. Dormiu o restante do dia.

Em uma tarde, no horário do café, perguntou-me as horas. Após eu ter respondido, disse-me que estava muito atrasada, e, dissimulada, falou para a enfermeira que "*estava cansada e iria tomar seu café no quarto*". Levou o café e os pães para o quarto e quando ficamos a sós, falou-me que estava esperando por um homem alto que iria salvá-la às 15h para ajudarem Ivan. O café que ela deixou de tomar era para esse homem. Quando entrava mais alguém no quarto, ela fingia que ia dormir. Só eu poderia acompanhá-la. Em seguida, aquela mulher que tinha subido de cadeira de rodas para o quarto, estava colocando a perna para fora da janela, para fugir. Por coincidência, veio o genro de outra senhora da instituição e Irina o puxou para o quarto e começou a lhe falar de seus planos, que ele pacientemente ouviu. Fui chamar a enfermagem para verificarem a possibilidade de lhe darem uma medicação e antes de o fazerem, foram averiguar se não se tratava de um fenômeno espiritual – pois a instituição segue a doutrina espírita –, para só depois a medicarem. Ela adormeceu.

Na semana seguinte, estava muito entristecida, em silêncio, sem olhar nos olhos. Retiramo-nos do ambiente comum e, aos poucos, foi começando a falar sobre um pássaro que avistara e que estava sozinho, e chorou. Falou-me sobre grandes mudanças dos planetas e que haveria cataclismas e catástrofes futuras. Elegeu um senhor na instituição que dizia ser Ivan. Dizia-se apaixonada por ele e diante da recusa desse senhor por ela – ele a xingava e ficava muito aborrecido –, ela ficava muito magoada, mas quando era possível, tentava uma nova aproximação. Em uma ocasião em que ele estava com a cabeça machucada, ela aproximou-se e "*lhe transmitiu bons fluídos*", quase chegando a desmaiar de fraqueza. Essas manifestações eram acolhidas pela instituição. Falamos por uma hora e meia e Irina terminou a conversa dizendo-me que precisava se organizar psicologicamente para manter o seu equilíbrio, para organizar a sua vida de acordo como estava naquele momento. Repetia que, ao conversar, fazia uma limpeza mental e ficava melhor.

Quando raramente recebia alguma visita, ficava muito animada. Sua expressão iluminava-se e conversava com entusiasmo, mas essas visitas eram esporádicas. Seu marido disse-me estar sofrendo de velhice e isso o impedia de visitá-la com frequência. Os poucos amigos que iam vê-la lhe proporcionavam grande alegria.

Conversávamos por várias horas – era necessário que assim o fosse – para que o discurso ora delirante paranoico, ora metonímico – de um significante a outro –, se compusesse a partir de resgates históricos e desse lugar a um discurso organizado. No início de uma "palestra", em especial, Irina estava em uma cadeira de rodas, presa pela cintura para não cair, com a cabeça baixa, a voz enfraquecida, sem me olhar nos olhos, chorosa. Eu retirei-a do ambiente comum e – graças à possível interlocução em transferência – à medida que me falava de suas queixas, do atendimento da enfermagem, de sua solidão, disse-me que "*não tinha mais ninguém, nem marido, nem irmão, nem cachorrinho...*". Então foi se organizando e introduzindo, a partir do meu interesse, a sua história, seus romances, seus casamentos, de forma que, no final de aproximadamente duas horas, ela convidou-me para tomarmos café, já com a fisionomia tranquila, a postura reta, o discurso organizado.

Nessa época, após três meses na instituição, estava bastante verborreica com delírios e alucinações. Confusa, dizia-me que "*havia sangue por todos os poros e se secava com papel*". Dizia estar toda arranhada; falava de diabo e do fogo do inferno.

Ela dizia-me que

> *[...] vivia em um vazio e precisava construir formas para as coisas, para preencher este vazio... Nem que fosse com pó ou areia, para a sua vida não ficar sem sentido. Precisava de um apoio para poder dar seus passos, para ter objetivo e razão de viver. Tinha um buraco que ia sugando tudo e às vezes não tinha onde se segurar.*

Eu notava que quando tinha amigos por perto – e ela me incluía nesse grupo –, ela melhorava, pois isso a fazia se sentir melhor. Disse ter achado o "rabinho" para explicar por que ficava mal. Disse-me que o seu irmão telefonara novamente e que notara que não ficava bem após falar com ele.

O estilo de Irina era muito particular. Ela demonstrava uma tentativa de se manter vitalizada, fazendo um movimento ativo nessa direção, fato pouco frequente na instituição, naquela época, quando havia uma espécie de inércia do ambiente, um isolamento entre os velhos, marcado pela pouca circulação das palavras. O universo significante resumia-se à rotina de atividades em um lugar afastado da cidade, de difícil acesso. Irina, entretanto, buscava manter seus investimentos objetais. Ela tinha apetite, comia com prazer, pois dizia adorar a comida da instituição. Convidava-me com frequência para tomarmos café ou almoçarmos juntas, dizendo-me para eu ficar tranquila, pois "seria por sua conta".

Em algumas situações clínicas, Irina ia se animando assim que começávamos a conversar. Dizia que os meus fluídos jovens eram transmitidos para ela. No entanto, em outras ocasiões, parecia se desorganizar quando eu lhe perguntava sobre sua vida. Surgia-me a questão: até onde ir sobre a sua história sem que isso tivesse um efeito de desmontagem em vez de construção?

No final do período do meu trabalho na instituição, seu delírio dizia respeito a um novo casamento de Ivan, ora com uma das moças da enfermagem, ora com a sua secretária. Ela chorava muito, com visível sofrimento, pois ele a teria trocado por outra mulher.

Na ocasião da minha saída dessa instituição, após seis meses, Irina estabeleceu transferência com a outra psicóloga, e continuou mantendo um laço possível com ela, uma nova interlocução, e entre delírios e momentos de lucidez, mantinha sua característica pessoal de busca.

3.1.3 Ivone (76 anos)

Ivone chegou à instituição após aceitar ficar por um período determinado para se recuperar da queda que a fez quebrar o osso da bacia. Sofria de dores nas costas e precisava de atendimentos fisioterápicos que seriam inviáveis se permanecesse em casa, tanto em função de seu peso, que dificultava a sua locomoção, como do custo desse tratamento, que, na instituição, estava embutido em sua estadia. Ao chegar à instituição estava confusa, xingando a todos, tirando a roupa, vestindo-a em seguida. Trazia ideias de assassinato e dirigia-se às enfermeiras como assassinas e as xingava quando, à noite, não era atendida imediatamente. Foi medicada pelo médico psiquiatra, e a partir dos resultados da medicação, passou a ser carinhosa, atenciosa em um curto período de tempo.

Falou-me pouco da sua vida, marcada por eventos trágicos. Aos 76 anos teve poucos amores. Um deles se matou e o outro foi esfaqueado. Nessa época morava no interior – no mato, como ela dizia. Seu primeiro casamento foi muito difícil, pois o marido tentou matá-la por duas vezes. Seu marido atual era muito bom para ela, pois tinha, em suas palavras, um bom caráter. Ele a visitava na instituição dizendo sentir sua falta, mas não era possível ainda, por sua condição de perda de autonomia, levá-la para casa.

Foi seu filho quem me falou de sua vida: Ivone perdeu os pais quando tinha 25 anos e teve que "lutar sozinha" cuidando de seus irmãos menores desde muito cedo. Um deles sumiu e foi encontrado após 15 anos, como indigente; outro era alcoolista e era ela quem tinha que o atender. Era revoltada com a família paterna, pois "*o pai nunca foi por ela*" e diante de suas dificuldades, ela sentia-se discriminada. Não obtendo ajuda, manifestava muita raiva, rancor e ódio por eles.

Ivone morava com o marido em uma casa e seu filho morava no mesmo terreno, mas em outra casa. O filho disse-me que seu relacionamento com a mãe era muito ruim, pois passava do amor para o ódio com muita facilidade. No discurso desse filho havia uma queixa de nunca poder contar com o apoio da mãe, pois nada a motivava; para Ivone, tudo era perigoso, só havia possibilidades de assalto, de morte. Aliás, a mãe só assistia a programas policiais na televisão. Disse que Ivone isolou-se do mundo, isolou-se dos outros e que sua casa estava abandonada, "*mais parecendo um chiqueiro*". A mãe era ciumenta em relação ao marido e raivosa com ele, e só conversava com o marido quando o filho não estava por perto. Ivone, por sua vez, dizia que seu filho era muito ríspido com ela, e fazia questão de o lembrar que trocou suas fraldas e cuidou dele desde quando era pequeno.

Após 15 dias na instituição, Ivone começou a pedir para voltar para casa, pois não queria mais ficar ali. Iniciou uma greve de fome, e afirmava que estavam enganando-a, pedindo insistentemente para ir embora.

A família dividia-se, pois o marido a queria em casa e o filho e a nora insistiam nas dificuldades práticas e financeiras para realizarem os cuidados de que Ivone necessitava. O filho justificava sua decisão, dizendo-nos que a mãe não aceitava empregada em casa e que tudo recaía sobre ele, e ponderava os custos do tratamento. Seu marido, que era profissional autônomo, disse-me que teria condições de a atender, cuidar da casa e cozinhar para eles, pois ele fazia o seu próprio horário. Dizia sentir falta de sua companheira. Eu disse-lhe que havia dificuldades dadas pela dependência física de Ivone e que, se até então era ela quem tinha cuidado dele, isso se inverteria. Para ele, isso não constituía um problema. Na opinião do filho, o pai subestimava os cuidados necessários à Ivone.

A família entrou em um acordo e puderam lhe dizer – com o meu testemunho dessa conversa – que após a sua melhora, quando estivesse andando e indo ao banheiro sozinha, que ela voltaria para casa.

A sua greve de fome cessou e, após 10 dias dessa conversa, Ivone começou a participar dos ambientes sociais, da recreação, do refeitório. Estava com bom apetite e bom humor. O marido a visitava com frequência e o filho telefonava para saber notícias suas. Seu esforço na fisioterapia estava lhe rendendo bons resultados, e em um mês já andava com a ajuda da bengala e do andador.

A família passou a se ausentar e eu lhes telefonava sugerindo as suas visitas. Entre um período de aproximadamente 10 dias, Ivone passou de seu bom humor e recuperação para vômitos que perduraram por quatro dias. Dizia sentir-se muito sozinha, com sono e dores na perna. Pedia a ajuda de Deus. Após quatro dias estava apática, muda, com o olhar esvaziado e anoréxica. Disse-me que não tinha vontade de falar e eu apenas ficava ao seu lado. Não conseguia sequer fazer os movimentos para mastigação, aceitando tão somente líquidos. A família e o geriatra foram chamados. O geriatra iniciou o exame clínico de Ivone, na minha presença e na presença da residente. Enquanto realiza os procedimentos médicos, comentou conosco sobre a paciente. Eu pedi a ele para perguntar a Ivone o que ela desejava, no que fui atendida. Ela voltou o rosto e o olhar para ele, e respondeu: "*Quero ir para casa*".

A minha posição diante da possibilidade de interná-la em um hospital geral foi a de que se fossem tirá-la daquela instituição, que a levassem para casa.

Ivone foi hospitalizada, entrou em coma, e morreu após alguns dias. Seu filho disse-me, por fim, que pensou que ela iria para casa, e alguns dias após o enterro foi até a direção da instituição dizendo que iria processar o hospital.

3.1.4 Mauser (82 anos)

Mauser era uma forte senhora alemã. Entrou na instituição muito ativa, e com independência, fazia seus cuidados de higiene sozinha – o uso do banheiro, banhos, locomoção e alimentação. Desde o início de seu internamento, provocou muita inveja nas outras senhoras, pois passava as tardes bordando tapeçaria, com fios de todas as cores. Ela fez amizade com outra senhora, sentando-se próximas no refeitório e nas salas de televisão e de recreação. Ela não falava muito, pois justificava não conseguir falar muito bem em português, apesar de estar morando no Brasil há mais de 40 anos. Eu percebia que ela compreendia tudo o que falávamos, mas não queria conversa. Era, no entanto, sempre amistosa.

Logo no início do internamento, começou a alternar essa disposição inicial com a queixa de que sua família não ia visitá-la. Seu marido tinha morrido e por 15 anos esteve morando com uma de suas duas filhas e sua família. A outra filha era solteira e morava sozinha. O marido da filha que a cuidou havia ficado doente, e ela não conseguia mais cuidar dos dois. Foi quando, então, propôs que sua irmã assumisse os cuidados da mãe. Essa filha solteira, em entrevista comigo, disse-me ser uma pessoa analisada e que já sabia, a partir de suas constatações na análise, que não queria dividir seu espaço com a mãe, e principalmente não tinha condições práticas para a atender, já que o seu trabalho lhe exigia muito. Além do mais, a mãe tinha se tornado, após um derrame cerebral leve ocorrido alguns anos antes, uma pessoa repetitiva, o que a irritava. Dessa forma, as filhas decidiram colocá-la na instituição, mas sob o pretexto verbalizado a Mauser de que ela precisava fazer alguns exames exigidos pela instituição de onde recebia a sua pensão, para que os benefícios fossem renovados. Assim, para Mauser, sua estadia na instituição seria temporária.

Quando Mauser começou a perceber a demora nas visitas, que aconteciam praticamente mais nos finais de semana, começou a se queixar de sua filha que a atendera durante anos, dizendo que a filha solteira era um anjo, pois a outra a havia deixado ali para se divertir e viajar. Progressivamente, no curto período de tempo de aproximadamente um mês, começou a dar sinais de um declínio de autonomia em suas atividades, tornando-se mais dependente e passou a ficar sentada em uma cadeira de rodas.

Quando enfim, Mauser, em conversa com as filhas, ocorrida na instituição, soube que sua estadia não seria temporária, mas definitiva, levou grande susto que quase a fez cair da cadeira, impactada. À noite, teve uma suspeita de infarto e foi chamado um serviço de emergências médicas que a levou a um hospital para cuidados cardíacos. O médico não constatou nenhum problema orgânico, e durante a noite, nesse hospital, ficou confusa, achando que estava na instituição, caiu batendo a cabeça. Na volta à instituição, percebeu a distância do centro da cidade e comentou com as filhas que elas a estavam abandonando.

Tornou-se uma mulher medrosa, não suportava ficar nem um minuto sozinha, tendo que estar sempre no ambiente coletivo, mas simultaneamente não conseguia relacionar-se com as pessoas. Repetia somente: "*Eu estou sozinha, meu papai e minha mamãe morreram, eu estou sozinha*". Tornou-se dependente para as atividades em que antes tinha autonomia e independência e em pouco tempo – aproximadamente um mês – entrou em um estado de sonolência, esvaziamento do olhar e anorexia. Queria somente dormir em um quarto protegido da luz, e a única frase pronunciada era sobre a solidão.

Nessa época saí da instituição e durante uma visita, eu encontrei-a indo para o quarto, acompanhada de uma de suas filhas, e diante do triste quadro, disse-lhe que sua mãe não estava nada bem, ouvindo como resposta que se tratava de "manha". Afirmei que era uma situação muito séria, que sua mãe estava muito deprimida, pois reconheci a situação ocorrida com Ivone. Em função da minha posição, naquele momento não mais como profissional, mas como visita, não pude intervir diretamente com a família, mas falei com a direção da instituição sobre o possível destino mórbido de Mauser se a situação continuasse com aquelas características. Disse-lhes claramente que se continuasse daquele jeito, Mauser iria, muito rapidamente, morrer. O psiquiatra já os havia alertado a respeito. A família foi chamada, porém informaram que não tinham possibilidade de a receber novamente em casa. Em menos de uma semana, Mauser morreu.

4

ENVELHESCÊNCIA: O TRABALHO PSÍQUICO NA VELHICE

Não seria razoável tolerar as paixões, nas quais ocorre a junção da alma e do corpo, e incorporá-las à nossa vida, em nosso dia-a--dia?[135]

Berlinck[136] define a velhice como "um encontro da alma sem idade e o corpo que envelhece". A envelhescência, no entanto, é

> [...] puro reconhecimento deste estranho encontro que adquire um efeito de significante. A envelhescência é um significante como o ato falho, o sonho ou o dito espirituoso. Talvez seja até mais do que isso, pois supõe, necessariamente, um trabalho do eu, enquanto o sonho, o ato falho, o dito espirituoso, pode se resumir num sintoma, que se repete interminavelmente sem produzir, jamais, um efeito de subjetivação, a envelhescência é um ato de subjetivação![137]

---

135 LEBRUN, 1987, p. 17.

136 BERLINCK, 2000, p. 195.

137 *Idem.*

No entrecruzamento do tempo e do corpo está o envelhecer. Em sua reinvenção está a envelhescência. Como ressalta Berlinck[138], do encontro entre uma realidade pulsional que se mantém jovem, sempre atual, "o tempo todo", e o envelope corporal submetido aos efeitos do tempo, resulta a envelhescência. É nesse encontro-desencontro que se produz o movimento de criação, em que vigora o desejo que impulsiona o trabalho psíquico. Poder pensar a envelhescência como um desencontro entre o corpo que envelhece e o psiquismo que se mantém atual, localiza a velhice no intervalo, na conjunção, na intersecção, no espaço "entre".

É na velhice o momento único do desenvolvimento em que o corpo não acompanha as construções psíquicas e de subjetivação, mas, em declínio, solicita uma referência paterna de outro modo que as fases anteriores[139]. Explicando melhor: na infância o corpo, em consonância com o desenvolvimento orgânico ativado na relação com o outro, acompanha os percursos constitutivos do aparelho psíquico, em relação à função paterna organizadora do sujeito psíquico; na adolescência, a partir das marcas corporais dadas pela puberdade, esse sujeito articula novas formas de subjetivação, apela para a função paterna diferenciada da função paterna da infância ainda em um movimento que acompanha suas mudanças corporais[140]; o chamado adulto – organizado em torno da sexualidade, do trabalho e do reconhecimento no campo social – alcança um acordo com sua vitalidade física, sua condição de raciocínio, articulação de seus recursos às circunstâncias[141]. Para Bernardino[142], a função paterna no idoso refere-se ao próprio momento de concluir, pela proximidade da morte e a

---

138 *Ibidem.*

139 BERNARDINO, 2001.

140 RUFFINO, Rodolpho. **Adolescência e modernidade.** Rio de Janeiro: Escola Lacaniana de Psicanálise, 1999.

141 *Ibidem.*

142 BERNARDINO, 2001.

necessidade de uma renovação das capacidades identificatórias e referências necessárias vinda do Outro como reconhecimento social de si.

Na velhice, então, há uma disjunção. É na constatação da lentificação dos gestos, no retorno do olhar do outro sobre o sujeito, que a velhice simultaneamente tão exterior, mas tão interior, pois vem de fora em relação ao psíquico, e de dentro, a partir do real do organismo, vai cumulativamente tramando seus efeitos. A exterioridade da velhice traduz-se na vivência de um Outro estrangeiro corporal que passa a habitar o sujeito. É a partir de alguma vivência corporal – sensorial, de memória ou motora (funções egoicas sustentadas por uma autonomia) ou de uma imagem em que o eu não se reconhece (em última análise, vinda pelo estranhamento do olhar do outro) – que se entra na velhice, o que ocorre na maioria das vezes de forma traumática. A envelhescência vem na direção de tornar esse sentimento de estranheza, esse outro estrangeiro, em uma experiência do campo do familiar.

Isso não quer dizer que o corpo erógeno pulsional, corpo infantil transforme-se, mas talvez seja por sua causa que haja sustentação da vitalidade psíquica em desacordo com o corpo que envelhece. É pela existência desse corpo infantil que a morte, a velhice, o "não" e o tempo não interferem no corpo pulsional. Esse corpo inscrito no inconsciente, entretanto, difere do corpo experienciado pela equação resultante do aparelho psíquico. Ele é sobredeterminado não somente pelo declínio biológico ou doenças do sistema nervoso central, mas também pela erogeneidade e influências advindas do mundo externo – sociocultural.

Se o orgânico, incluído aí o aparato cerebral, sofre os efeitos biológicos decorrentes do processo de envelhecimento, ele encontra-se com um psiquismo na continuidade de sua atividade de investimentos libidinais[143] e como corpo das marcações erógenas infantis. O campo

143 BIANCHI, Henri. **O eu e o tempo**: psicanálise do tempo e do envelhecimento. São Paulo: Casa do Psicólogo, 1993.

experiencial é sustentado pela historicização exercitada, e o corpo em declínio contrapõe-se à situação psíquica. Um corpo de história que não conta com o seu suporte. Corpo e psíquico em direções contrárias e contraditórias. Entre o nascimento e a morte, sofrem-se diversas, pequenas e constantes modificações.

O corpo, antes de ser apenas um organismo regulado pela fisiologia e estilos de vida, alimentação, atividade, descanso, é revelado pela psicanálise como um corpo que é aparelho psíquico, é erógeno, sobredeterminado pelo prazer/desprazer, economia inscrita desde a relação inicial do sujeito com o outro. Por fim, ele é um corpo sobredeterminado culturalmente, conforme a sociologia ajuda a pensar, porque é significado conforme sua idade e condição, por categorias que estabelecem padrões de conduta e normalidade, bem como lugares sociais diretamente relacionados às tentativas do sujeito em se fazer representar, reconhecidamente no campo social, como sujeito, incluindo aí as formações de compromisso e, portanto, sintomáticas tão frequentes na velhice.

O que parece que vai singularizar a experimentação da velhice são os recursos psíquicos exercitados durante a vida, e que nesse momento atuam como capital simbólico, dando sustentação para a realização de um trabalho psíquico. Se a velhice é exterior ao sujeito, ela será vivida conforme suas paixões. Há que se construir a velhice durante a vida. No entanto há, ainda, uma importante consideração a ser feita: mesmo que esses recursos psíquicos exercitados durante a vida inteira tenham sido eficazes, eles parecem não garantir a consistência de sua manutenção. O empobrecimento do universo simbólico do velho dado pela saída do campo social pela aposentadoria – por exemplo, o seu retorno ao campo familiar e a perda de amigos de sua geração – pode, de maneira decisiva, determinar as saídas psíquicas da velhice, dependendo da sua força traumática, de questões circunstanciais e das disposições constitutivas do sujeito, isto é, de sua estrutura psíquica.

4.1 ENVELHESCÊNCIA E TRAUMA

4.1.1 Trauma, desamparo e insuficiência imunológica psíquica

A entrada na velhice geralmente é desencadeada por um fator traumático que precipita crises e que, dependendo de fatores de estrutura de personalidade, recursos simbólicos anteriores e ainda do entorno na atualidade, pode se realizar em um trabalho psíquico elaborativo ou, em sua falha, o surgimento de psicopatologias.

A definição de trauma, em psicanálise, é algo que se torna presente no psiquismo como inassimilado pelo sujeito, como um núcleo de significações que não é integrado no campo simbólico e que produz seus efeitos. Trata-se de uma não assimilação, seja pela vertente simbólica – histórica – da significação, seja pela econômica – por um excesso de excitação (*pathos*, pulsão) no aparelho psíquico – de algo não integrado e que exige um trabalho de elaboração para que o sujeito assimile aquele elemento estrangeiro interno no funcionamento simbólico do sujeito. Para que um acontecimento factual torne-se um acontecimento psíquico traumático, é preciso que a vivência ocorra em um momento e posteriormente a sua significação seja interpretada como traumática. Lacan[144], nesse sentido, esclarece:

> O trauma, enquanto tem ação recalcante, intervém só depois – *nachträglich*. Naquele momento, algo se destaca do sujeito no próprio mundo simbólico que ele começa a integrar. Daí por diante aquilo não será mais algo do sujeito. O sujeito não o falará mais, não o integrará mais. Não obstante, ficará lá, em alguma parte, falado, se é que se pode dizer, por algo de que o sujeito não tem o controle. Será o primeiro núcleo do que chamaremos, em seguida, os seus sintomas.

144 LACAN, [1953-1954] 1986, p. 222.

No nível econômico, conforme Laplanche e Pontalis[145], o trauma é:

> [...] uma vivência que, no espaço de pouco tempo, traz um tal aumento de excitação à vida psíquica, que sua liquidação ou a sua elaboração por meios normais e habituais fracassa, o que não pode deixar de acarretar perturbações duradouras no funcionamento energético. O afluxo de excitações é excessivo relativamente à tolerância do aparelho psíquico.

Esse núcleo traumático que desembocará nos sintomas pode ser compreendido com a ajuda de Hanns[146] em sua relação com o desamparo, pela perspectiva econômica, que colocará o sujeito da velhice diante da necessidade estrutural de realizar um trabalho psíquico que estou chamando aqui de envelhescência.

> [...] o excesso de estímulos é vivido pelo sujeito como algo avassalador que o leva a um estado de desamparo (*hilflosigkeit*). O termo desamparo é carregado de intensidade, expressa um estado próximo do desespero e do trauma [...] e coloca o sujeito na exigência de lidar (*bewaltigen*) com o turbilhão de estímulos que o acometem. Trata-se de dar conta de afetos ou de libido que incomodam ou ameaçam o ego[147].

Berlinck explica que o trauma em si não remete à simbolização, mas pode tornar-se fonte de experiência, ou seja, pode ser fonte de crescimento interno quando há um trabalho sobre ele: "a experiência é uma transformação do trauma"[148]. Entretanto ele esclarece

---

145 LAPLANCHE, Jean ; PONTALIS, Jean-Bertrand. **Vocabulário da psicanálise**. São Paulo: Martins Fontes, 1986, p. 679.

146 HANNS, 1996.

147 *Ibidem*, p. 221.

148 BERLINCK, 2000, p. 112.

que o trauma não é suficiente para que a experiência se constitua, pois, ao contrário, o trauma suscita descarga e a experiência requer contenção que não seja constrangimento. O trauma pode propiciar, secundariamente, simbolizações qualitativas em níveis cada vez mais elaborados, dando condições para que o sujeito encontre saídas psíquicas em direção à mobilidade da vida mental. Quando, porém, a via de acesso à simbolização não se realiza, o trauma que está funcionando no psiquismo sem nomeação é fonte de produção sintomática, e, portanto, psicopatológica, no sentido de manifestação mórbida. O trauma pode propiciar uma saída subjetivante se for elaborado, mas pode também colocar o sujeito em risco em relação à sua vida psíquica, desencadeando um estado de desamparo no qual o sujeito é aniquilado.

A noção de insuficiência imunológica psíquica proposta por Berlinck[149] explicita, em uma linguagem bélica, o lugar onde se encontra o sujeito em relação ao trauma. Ela refere-se ao impacto traumático vivenciado pelo sujeito e seus efeitos destruidores, quando esse não conta com recursos defensivos para lidar com os ataques vindos tanto de exterior, como do interior: "A insuficiência imunológica psíquica revela não só uma grande incapacidade de se proteger contra ataques virulentos externos, como há a disponibilidade a ataques virulentos endógenos que frequentemente levam à destruição"[150]. O aparelho psíquico, considerado corpo e vida subjetiva, é o território a ser defendido daquilo que o ameaça. Na leitura da velhice e seus desdobramentos, a beleza dessa noção está justamente em encontrar a velhice como traumática ao psiquismo, colocando o sujeito a trabalhar as condições de defesas psíquicas para combater esses ataques traumáticos. O que é colocado em questão não é somente o corpo biológico ou erógeno, mas justamente a articulação

149 *Ibidem*.

150 *Ibidem*, p. 186.

entre eles, remetendo as constatações clínicas de um sobredeterminando o outro conforme os recursos do sujeito. Ainda em decorrência desse ataque, impõe-se a necessidade da envelhescência por parte do sujeito na velhice.

4.1.2 Neurose de envelhecimento

Jerusalinsky[151] descreve uma *Psicologia do envelhecimento*, na qual uma série de fatores traumáticos frequentes, os quais surgem ao longo dos anos que sucedem a meia-idade, inaugura o nascimento da velhice em termos psíquicos e é por ele denominada "Neurose de envelhecimento".

O primeiro trauma trazido por esse autor é a perda dos pais reais que, seja na que idade for, coloca o sujeito em um confronto antecipado com a sua própria morte e em uma posição psíquica compatível com a velhice, porque a lógica da elaboração do luto o obriga a uma identificação com os pais perdidos. Segundo o autor, mesmo que essa identificação seja transitória, isto é, se o luto for normal, a experiência psíquica que ela representa se torna permanente. O sujeito precisará fazer uma elaboração suplementar e provavelmente reiterativa de suas relações com a morte.

O segundo trauma é a constatação do definitivo, quando as possibilidades estruturais de flexibilização de saídas psíquicas estão ancoradas na identificação fantasmática que aliena o sujeito a funcionamentos conforme sua vida tenha sido vivida até então. É a constatação de estilos de funcionamento cristalizados e que podem tirar-lhe a autonomia de escolha. Ele vê-se no exercício da reprodução de mesmas saídas diante de novas circunstâncias e dificuldades.

O terceiro remete à relação do velho com a temporalidade, quando ele se percebe determinado por sua história passada, definindo como ele é no momento atual e um futuro mínimo que o coloca em trabalho

151 JERUSALINSKY, 2001.

de repensar sua história e tentar achar na continuidade geracional – filhos e netos – a continuidade do nome, continuidade simbólica.

A diminuição da potência, quando se refere à consistência fálica sustentada nas atividades corporais que declinam na velhice, isto é, a perda do vigor físico representada psiquicamente como perda ou diminuição da falicidade do sujeito, retrata o quarto trauma. A relação do sujeito com o falo é o que lhe dá a potência psíquica na sua relação consigo e com o outro, colocando-o na posição de autonomia na tomada de decisões e manutenção de sua posição de sujeito. Quando há a equivalência do declínio biológico com o declínio fálico, o sujeito, além de se perceber dependente do outro, encontra-se também desamparado. Uma experiência psíquica particular coloca o velho como filho de seus próprios filhos, pela circulação do falo (significante da falta que circula nas significações), permitindo o investimento dos filhos nos pais na época da velhice.

O quinto trauma, que muitas vezes vem na sequência do anterior, estabelece-se quando os protagonistas – tanto no espaço familiar quanto no espaço social – são os outros. No âmbito familiar, ocorre quando os filhos passam a assumir a função que antes era atribuída aos pais tanto nas decisões cotidianas do funcionamento da casa, por exemplo, quanto em decisões sobre sua própria vida: se ele poderá sair sozinho de casa, se poderá dirigir o carro, ou, mais sutilmente, quando sua palavra é desconsiderada, por ocasião da sua institucionalização à sua revelia, por exemplo. No âmbito social, o lugar do velho coloca-o em uma posição imaginária de obsolescência, podendo ser exemplificada pela aposentadoria, muitas vezes compulsória, quando o indivíduo chega a determinada idade, e mesmo tendo todas as condições físicas e intelectuais para dar continuidade a sua atividade profissional, deverá se retirar para dar lugar à geração seguinte. Há, afirma Jerusalinsky[152], um esvaziamento do valor narcísico de sua imagem que o velho tenta-

152 *Ibidem.*

rá resgatar na reconstrução de suas obras, valores e crenças, buscando a visibilidade do valor perdido em sua imagem no espelho social.

O sexto trauma refere-se à perda dos pares e ao retorno do sujeito às relações familiares; refere-se ao falecimento dos amigos, do cônjuge, ou seja, daqueles que, em relações simétricas, compartilharam e testemunharam a vida do sujeito na mesma linha geracional.

> O seu desaparecimento provoca a extinção de fragmentos extensos da rede de significações com as quais o sujeito se representava no discurso social. Dito de outro modo, morreram aqueles capazes de escutá-lo e os que hoje o escutam não conseguem compreendê-lo[153].

A diminuição de objetos de investimento libidinal na velhice, determinada tanto pela perda dos pares como pela retirada de sua inserção social, colocam o velho diante da dependência de objetos de investimento que se restringem ao espaço familiar, portanto regrado pelo imaginário das relações edípicas e, consequentemente, regido pelos conflitos das relações de objeto próprias ao Édipo. Para Jerusalinsky[154], essas perdas exigem uma máxima tolerância do psicanalista ao sintoma: uma "prudência terapêutica".

A degradação do corpo, decorrência normal ao longo da vida, torna-se o sétimo trauma. Aqui se colocam duas questões: uma da imagem corporal diante do espelho que, muitas vezes, revela a chegada da velhice como a emergência do estrangeiro, no campo do sinistro – o sujeito não se reconhece em sua imagem[155]; e a outra, como já explicitado, corresponde à relação do declínio real do corpo com sua fali-

153 *Ibidem*, p. 17.

154 *Ibidem*.

155 FREUD, [1919] 1974k; GOLDFARB, Delia Catullo. **Corpo, tempo e envelhecimento**. São Paulo: Casa do Psicólogo, 1998; JERUSALINSKY, 2001; MESSY, Jack. **A pessoa idosa não existe**. São Paulo, ALEPH, 1999.

cidade, ou seja, com a potência corporal inscrita psiquicamente – sua funcionalidade em direção à autonomia e independência[156] e potência subjetiva. São as problemáticas do campo narcísico colocadas à prova.

Por fim, está o que Jerusalinsky[157] nomeia de diálogo do sujeito com a morte, quando esta passa a ser personificada. Nesse diálogo, o velho passa pelas fases de rebelião, depressão, renúncia e resignação. Nesse ponto, porém, é preciso ressaltar que, na minha experiência clínica, os idosos – pelo menos dos que não estejam em estado terminal – falam da vida, dos seus sofrimentos e prazeres, como ocorre em outras idades. A morte, que aparece como perspectiva, pode aparecer no discurso do idoso, porque o tempo que ainda lhe resta de vida é menor que o tempo já vivido.

Os traumas, genericamente descritos anteriormente, podem tornar-se fatores precipitantes de psicopatologias na velhice, exigindo um trabalho psíquico – a envelhescência – para sua simbolização, isto é, para a integração no aparelho psíquico da experiência do envelhecer.

4.1.3 Precipitadores traumáticos da economia psíquica

Freud, em *Tipos de desencadeamento das neuroses*[158], descreve processos psíquicos que podem ser interessantes para se pensar o desencadeamento das psicopatologias na velhice. Ele afirma a importância da economia libidinal na precipitação do sujeito em um processo psicopatológico, conforme as suas condições constitucionais, sendo, portanto, os destinos da libido que decidem entre a saúde e a doença nervosa. O fator quantitativo da libido é responsável pelo desencadeamento de uma psicopatologia, e seu destino dependerá das condições constitucionais do sujeito para elaborar uma quantidade de libido em excesso que

156 GOLDFARB, 1998.

157 JERUSALINSKY, 2001

158 FREUD, [1912] 1974f.

fica represada, sem que o eu tenha possibilidade de viabilizá-la em uma descarga. Segundo Freud[159], a quantidade de libido pode ser uma quantidade relativa, mas que tem efeito de excesso com o qual o ego não é capaz de lidar.

Dentre os diversos tipos de desencadeamento das neuroses, Freud descreve a frustração (*Versagung*)[160], que se refere ao efeito do afastamento do objeto real de amor, e, portanto, objeto privilegiado de investimento libidinal, colocando o sujeito em posição de abstinência diante da não substituição que ocuparia o lugar do objeto. Se há a possibilidade de substituição do objeto, reconstitui-se a possibilidade de sustentação psíquica do sujeito. Segundo Freud, "a frustração tem efeito patogênico por represar a libido e submeter assim o indivíduo a um teste de quanto tempo ele pode tolerar este aumento de tensão psíquica e que métodos adotará para lidar com ela"[161]. Nesse caso, o fato de o processo ter-se originado no mundo externo faz com que os sintomas representem satisfações substitutivas para elaborar um conflito entre ego e mundo externo.

Pode-se verificar, por ocasião da velhice, fatores dados pelos laços sociais presentes no desencadeamento de psicopatologias que colocam à prova as condições estruturais do sujeito. É evidente a importância dos objetos de amor para referenciar a vida psíquica do sujeito, pois antes de serem apenas laços de investimento entre o eu e o

---

159 *Idem.*

160 *Versagung* é geralmente traduzido por frustração, termo que, no entanto, não corresponde exatamente ao termo alemão. Em alemão, *versagen* tem o sentido de não consecução de um objetivo. "De forma geral as diversas acepções do termo relacionam-se com a impossibilidade de o sujeito descarregar estímulos, levando a um acúmulo de tensão. A *Versagung* acaba por acarretar um aumento da estase e pode se tornar patogênica se não puder ser reduzida – por exemplo, pela sublimação – ou descarregada internamente. O sujeito neurótico, constitucionalmente menos capaz de resistir à privação ou bloqueio da satisfação pulsional poderá, como resposta à privação, fazer um esforço de 'substituição de objeto' ou 'substituição da satisfação'. [...] Tais formações podem não dar conta de quebrar por inteiro o bloqueio à satisfação pulsional, mas amenizam ocasionalmente o sofrimento." (HANNS, 1996, p. 259).

161 FREUD, [1912] 1974f, p. 292.

outro, implica-se o sujeito do inconsciente ao campo do Outro, como referência para a subjetividade[162].

Um segundo tipo de causas precipitantes de psicopatologias não advém de uma mudança no mundo externo, que substituiu a satisfação pela frustração, mas sim de dificuldades internas do sujeito para atender às exigências da realidade. No primeiro tipo, o acento recai sobre as alterações no mundo externo e, portanto, a partir de uma experiência; no segundo tipo, são as dificuldades internas do sujeito que definem uma falta de flexibilidade psíquica. Os dois tipos de desencadeamento das psicopatologias estão frequentemente conjugados, pois diante de uma transformação do mundo externo, o sujeito, sem condições internas de transformação, configura um sintoma para dar conta da situação com a qual não pode lidar. Um terceiro fator precipitante de psicopatologias vem, certamente, ao encontro da velhice, pelo fato de o sujeito ter

> [...] atingido um período específico da vida, e em conformidade com processos biológicos normais, a quantidade de libido em sua economia mental experimentou um aumento que em si é suficiente para perturbar o equilíbrio da saúde e estabelecer as condições necessárias para uma neurose[163].

Gagey[164] ressalta que a economia libidinal do aparelho psíquico proposto pela psicanálise remete aos investimentos psíquicos do sujeito em relação aos seus objetos. Trata-se de um *quantum* de energia organizada corporalmente como tensão e descarga. Por não se tratar de um *quantum* de energia limitada – como proposto por uma teoria vitalista –, mas de uma quantidade parcial implicada a cada instante,

162 Este ponto será discutido mais adiante.

163 *Ibidem*, p. 296.

164 GAGEY, 1989, p. 10.

em uma dimensão que não depende do número de anos vividos e que se esgotaria com o tempo, a pertinência da problemática econômica libidinal situa-se especificamente pela indicação feita por Freud em relação às alterações fisiológicas dadas pela menopausa, o que pode ser interessante para se pensar a velhice.

Em *Análise terminável e interminável*[165], Freud sublinha a importância da dimensão econômica das pulsões no desencadeamento das neuroses, a partir de alterações fisiológicas:

> Duas vezes no curso do desenvolvimento individual, certos instintos (*trieb*) são consideravelmente reforçados: na puberdade e na menopausa. De modo algum ficamos surpresos se uma pessoa, que antes não era neurótica, assim se torna nestas ocasiões. Quando seus instintos (*trieb*) não eram tão fortes, ela teve sucesso em amansá-los, mas quando são reforçados, não mais pode fazê-lo. As repressões comportam-se como represas contra a pressão da água. Os mesmos efeitos produzidos por esses dois reforços fisiológicos do instinto (*trieb*) podem ser ocasionados, de maneira irregular, por causas acidentais em qualquer outro período da vida. Tais reforços podem ser estabelecidos por novos traumas, frustrações forçadas ou a influência colateral e mútua dos instintos. O resultado é sempre o mesmo e salienta o poder irresistível do fator quantitativo na causação da doença[166].

O aumento de libido encontra-se presente, diz-nos Freud[167], nos processos da puberdade e da menopausa, e também quando há um debilitamento do ego devido a doenças orgânicas. Ressalta o fator quantitativo como determinante da precipitação de uma psicopatologia, e

---

165 FREUD, [1937] 1974r.

166 *Ibidem*, p. 258

167 FREUD, [1912] 1974f.

aqui se pode compreender que o declínio biológico na velhice pode ser um fator desencadeante das psicopatologias, mas não como a causa da doença em si, pois ela provavelmente localiza-se em fatores constitucionais que estavam latentes e são ativados pelo aumento da quantidade de libido no aparelho psíquico no momento atual de sua vida.

O que parece se revelar pelas explanações descritas é que há, na época da velhice, diversos fatores que funcionam como um excesso de libido que precisa ser trabalhado pelo aparelho psíquico com diferentes possibilidades psíquicas. O mecanismo psíquico de amansamento da libido é o processo que se remete sempre a uma parcela do *quantum* de libido que o ego consegue refrear e dirigir, pois a pulsão sempre impele ao movimento[168]. A parcialidade desse mecanismo é ressaltada por Freud[169]:

> É possível, mediante a terapia analítica, livrar-se de um conflito entre um instinto (*trieb*) e o ego, ou de uma exigência instintual patogênica ao ego, de modo permanente e definitivo? Para evitar a má compreensão não é necessário, talvez explicar mais exatamente o que se quer dizer por "livrar-se permanentemente de uma exigência instintual (*trieb*)". Certamente não é fazer com que a exigência desapareça, de modo que nada mais se ouça dela novamente. Isso em geral é impossível, e tampouco, de modo algum, é de se desejar. Não, queremos dizer outra coisa, algo que se pode ser descrito grosseiramente como um amansamento (*bandigung)* do instinto. Isto equivale a dizer que o instinto (*trieb*) é colocado completamente em harmonia com o ego, torna-se acessível a todas as influências das outras tendências neste último e não mais busca seguir seu caminho independente para satisfação.

---

168 HANNS, 1996.

169 FREUD, [1937] 1974r, p. 256.

A parcialidade do amansamento da libido resulta do fato de que é possível canalizá-la, dosá-la, adequando-a às circunstâncias, mas isso a custo de um trabalho psíquico e, em sua falta, ou tentativa de sua realização por meio dos sintomas, às psicopatologias.

De uma forma sintética, pode-se descrever os traumas precipitantes de psicopatologias na velhice como o rompimento dos laços de investimentos libidinais em objetos significativos; a invisibilidade social estabelecida pela retirada do sujeito do âmbito social para o seu retorno ao espaço familiar; e o declínio físico que tem equivalência da perda da falicidade, mudança e estranhamento da imagem e dificuldades reais quando o corpo adoece.

A envelhescência, em sua função simbolizadora das experiências traumáticas na velhice, em contrapartida, vem tentar restabelecer as perdas contidas nas modificações vividas pelo sujeito. Podemos resumir a envelhescência em três eixos fundamentais: a manutenção de seu lugar de sujeito no social mais amplo para restabelecer sua filiação simbólica, a construção e reconstrução da história e, por fim, a manutenção dos laços libidinais. São diferentes níveis de laços com o outro que cumprem a função de referenciação do velho ao seu próprio corpo – dimensão narcísica; orientação em relação à história vivida – dimensão existencial; e rearticulação de sua filiação simbólica em relação ao Outro – configuração inconsciente do social. Em última análise, trata-se de sua humanidade, no sentido de restabelecer os elementos que o tornam humano: o seu lugar de enunciação, de sujeito do desejo.

Na sequência, serão abordadas as especificidades desses trabalhos psíquicos que constituem propriamente a envelhescência.

4.2 ENVELHESCÊNCIA E SOCIEDADE

4.2.1 Tradição e filiação simbólica

Aquilo que herdaste de teus pais, conquista-o para fazê-lo teu.[170]

A velhice é um fato biológico. No humano, ela é reinscrita em uma situação simultaneamente social e psíquica, e não pode ser considerada puramente natural. O envelhecimento, no entanto, não é um processo unívoco. Se sua base é determinada biologicamente, pois a existência humana é limitada, a superestrutura cultural é determinante e está aberta a reinterpretações e reconstruções[171]. O envelhecimento estará mediado pelo processo de civilização.

Assim, nessa perspectiva, a velhice é a conjunção do sujeito psíquico com a sociedade, pois o velho, cristalizado em uma categoria social, tem seu lugar estabelecido desde sua relação com os semelhantes e com o Outro. Ao meu ver, o lugar social do velho é sobredeterminante de efeitos psíquicos que definem, com mais complexidade do que se supõe, as saídas subjetivas da velhice.

A antropologia ensina que, quando se trata do humano, o nascimento de uma pessoa é localizado em esquemas de parentesco e, portanto, em lógicas de filiação. A filiação é a regra social que define a pertença de um indivíduo a um grupo que o localiza em determinadas linhagens[172]. Longe de ser um elo de sangue determinado pela procriação, a filiação é um elo simbólico dado culturalmente pelo reconhecimento social, pela palavra[173].

Os dados biológicos elementares da filiação – reprodução sexuada, ordem geracional e constituição de frátrias – são, respectivamen-

---

170 GOETHE [1808] *apud* FREUD, *Ibidem*, p. 237.

171 FEATHERSTONE; HEPWORTH, 2000, p. 109-132.

172 HÉRITIER, 1996.

173 *Idem*.

te, o reconhecimento do caráter sexuado dos indivíduos que geram e daquele que se segue; o reconhecimento da sucessão das gerações que se encadeiam numa ordem que não pode ser invertida, pois o pai vem sempre antes do filho; e, por fim, o reconhecimento de que vários indivíduos podem ter os mesmos pais, constituindo, assim, uma frátria. Conforme Héritier[174], se os dados biológicos elementares da filiação são universais e, então, invariáveis, eles combinam-se em lógicas finitas, porém fenomenologicamente variáveis, conforme as culturas. Tanto as organizações sociais mais amplas até as mais simples se encontram definidas pelo reconhecimento social[175].

É por meio das transmissões simbólicas que ocorrem pelos elos de filiação que a família é fundamental para o ser humano. A família propicia desde cuidados básicos do organismo para a sobrevivência do indivíduo até a inserção deste na ordem cultural e social[176]. Isso *é* *tran*smitido, como observou Freud[177], de geração a geração, por meio de estruturas intrapsíquicas (de superego a superego) que representam um campo mais amplo chamado cultural. Essa estrutura de transmissão é responsável pelo que se repete e pelo que permanece de uma geração à outra, pela tradição.

Nas palavras de Freud:

> [...] o superego de uma criança é, com efeito, construído segundo o modelo não de seus pais, mas do superego de seus pais; os conteúdos que ele encerra são os mesmos, e torna-se veículo da tradição e de todos os duradouros julgamentos de valores que dessa forma se transmitiram de geração a geração[178].

---

174 *Idem.*

175 *Idem.*

176 LACAN, 1987.

177 FREUD, Sigmund (1933 [1932]). Conferência XXXI: Dissecção da personalidade psíquica. **Edição Standard Brasileira das Obras Psicológicas Completas** – E.S.B., v. 22. Direção de Tradução por Jayme Salomão. Rio de Janeiro: Imago, 1974p.

178 *Ibidem,* p. 87.

Pela tradição, o sujeito passa a pertencer a uma linhagem geracional, o que lhe dá uma referência de filiação simbólica e suporte subjetivo. Por se articular no campo simbólico e não na biologia, a filiação possui função de sustentação subjetiva pela função paterna. Em termos de instâncias intrapsíquicas, essa função paterna se localiza tanto nas funções do superego como do ideal de ego, herdeiros do complexo de Édipo, mas que, desde o início da vida do sujeito, estão presentes nos objetos primordiais de investimento. Em Lacan[179], essa função paterna é nomeada como Nome-do-Pai e refere-se a uma operação psíquica que sustenta a subjetividade. Conforme Ruffino, o "pai é o nome do lugar onde se inscreve tudo aquilo que se encontra, ou que se apela, ou mesmo que se constrói, no lugar dos recursos pelos quais nos sustentamos no Outro para estarmos face a face com os outros"[180].

4.2.2 O discurso social

Quando o indivíduo entra na velhice, a sua relação com o campo social se modifica. A referência para essa entrada em um novo tempo lógico de vida advém do corpo e de dificuldades em realizar suas funções de reprodução e trabalho. Jerusalinsky[181] nomeia como um trauma da velhice a saída de cena de uma geração para dar espaço para a entrada da geração seguinte. No espaço social, esse conflito é introduzido e representado pela substituição do velho no trabalho por meio da aposentadoria. No âmbito familiar, esse conflito se apresenta pela passagem da posição de pais para avós que, por meio do declínio da capacidade reprodutiva, cede espaço para a geração dos filhos e para a progressiva inversão de posições, na qual os protagonistas

179 LACAN, Jacques [1957-1958] **O seminário Livro 5**. As formações do inconsciente. Rio de janeiro: Jorge Zahar Editor, 1999.

180 RUFFINO, 1999, p. 48.

181 JERUSALINSKY, 2001.

das novas cenas são os outros[182]. A aposentadoria pode se encarregar, em grande parte, de realizar uma ruptura subjetiva. A continuidade da atividade profissional na contramão da tendência cultural pode ser um exercício da subjetivação e subversão da teoria do desengajamento como "natural e espontâneo" ao processo de envelhecimento. Parece existir, ao contrário, um desinvestimento do social em relação ao idoso[183]. De certa forma, a velhice retira o indivíduo do cenário social e o reenvia para o espaço familiar e, por conseguinte, o laço do sujeito com o Outro – configuração inconsciente do social[184]– tem seu delineamento fragilizado.

A referência de terceira idade, aqui considerada uma categoria social, é constituída, na sociedade industrial urbana, pela ampliação da expectativa de vida graças aos avanços da medicina e, em sua essência, traz um paradoxo: amplia-se o tempo de vida do indivíduo, mas, em contrapartida, o velho é desautorizado em sua função de saber dentro da linhagem geracional a qual pertence.

Nas sociedades urbanas complexas, a tradição não deixa de existir, mas coexiste com novas formas de laços sociais organizados nas experiências atuais dadas, por exemplo, por novas tecnologias e novas formas de produção[185]. A industrialização nos grandes centros promove uma aceleração dos processos migratórios que provocam uma crescente transformação familiar. A família deixa de ser extensa e passa a ser composta por uma estrutura nuclear, com relativo isolamento. Entretanto é importante sublinhar que não se trata de aspectos dicotômicos de se abordar as sociedades tradicionais versus as sociedades urbanas complexas, pois:

---

182 SALGADO, 1982.

183 JERUSALINSKY, 2001; GOLDFARB, 1998.

184 JERUSALINSKY, Alfredo. Papai não trabalha mais. *In*: JERUSALINSKY, Alfredo; MERLO, Álvaro Crespo; GIONGO, Ana Laura (org.). **O valor simbólico do trabalho e o sujeito contemporâneo**. Porto Alegre: Artes e Ofícios, 2000.

185 GOODY, Jack. **Família e casamento na Europa**. Oeiras: Celta Editora, 1995.

> [...] as preocupações do presente, do presente de cada um, são um obstáculo para a compreensão do passado, sobretudo quando uma pessoa propõe, ou mais frequentemente pressupõe, algum tipo de relação causal ou funcional entre a família e a sociedade. Isto leva-nos a adotar, [...] uma perspectiva dicotômica que estabelece uma clara distinção entre nós e eles, entre o moderno e o tradicional e entre o capitalista e o pré-capitalista. Mas esta série de categorias binárias possui um valor limitado, quando se trata de analisar as diferenças e semelhanças entre os modelos de família, parentesco e matrimônio a mais longo prazo e dentro de uma mais ampla variedade. [...] Tais dicotomias, que têm a sua origem no momento actual, tendem inevitavelmente a acentuar em excesso as características peculiares e únicas do "moderno"[186].

As modificações sociais são fundamentadas por uma especial relação entre o sujeito e objeto, que se complexificam pela introdução de novas tecnologias no trabalho, quando paulatinamente (há quatro séculos) tem ocorrido um deslocamento do valor de um saber que se transfere do sujeito ao objeto e que ganhou sua plena manifestação nas sociedades industriais[187]. O saber sobre um objeto único e sempre original que se transmitia de geração a geração, e que referenciava um sujeito desse saber, fica transposto pelo lugar do objeto. O saber torna-se fragmentado graças às linhas de produção, quando, para cada indivíduo, restou apenas uma mesma parcela do processo total do saber, realizada de forma repetitiva. Houve, nesse sentido, uma tendência à cisão entre o sujeito e o seu saber, intermediada pelo objeto, sempre externo e positivado. O valor do saber ficou então degradado em informação e não cumpre mais, com toda sua potencialidade, sua função subjetiva. O

---

186 *Ibidem*, p. 2.

187 JERUSALINSKY, 2000.

sujeito passou a valer pelo o que ele produz, pelo que ganha, pelo que gasta e não por sua palavra, sua história e herança simbólica.

As consequências da destituição do saber histórico e experiencial, que era transmitido por uma via geracional, diante de um lugar de valor social dado pela produção, desvalorizaram o velho, associando-o à inutilidade. Ele deverá recolher-se aos aposentos: aposentar-se. Nas palavras de Jerusalinsky, "[...] esse é o paradigma da sociedade industrial. O sujeito fica no ponto cego, ou seja, neste ponto onde não somente não enxerga a sua própria posição no discurso social, mas onde também o outro não tem chance alguma de vê-lo"[188].

O sistema de valores deixou de estar alienado à subjetividade, pois a desvalorização do velho e do seu saber retirou-lhe o estatuto de ancião anteriormente reconhecido socialmente. Os efeitos dessas transformações são constatáveis no cotidiano dos velhos em suas famílias quando, com muita frequência, vê-se a perda de seu lugar de sujeito. Sua palavra perde a eficácia e lhe retorna pela via sintomática, psicopatológica, como demanda de reconhecimento social. Assim, nesse contexto, o sintoma psíquico é o ponto de articulação entre o social e o sujeito, no qual ele tenta criar uma forma legítima de usufruir de sua presença no mundo. O sintoma torna-se, então, formação de compromisso inconsciente para que ele seja aceito pelo conjunto social e pelos seus semelhantes.

Diante dessa leitura do social, torna-se interessante a observação de Freud[189] sobre a compreensão que se pode fazer a partir da função de tradição do *superego*:

> Facilmente podem adivinhar que, quando levamos em conta o *superego*, estamos dando um passo importante para a nossa compreensão do comportamento social da humanidade [...]. Parece

188 *Ibidem*, p. 47.

189 FREUD, (1933 [1932]) 1974p.

> provável que aquilo que se conhece como visão materialista da história peque por subestimar esse fator. Eles o põe de lado, com o comentário de que as ideologias do homem nada mais são do que o produto e a superestrutura de suas condições econômicas contemporâneas. Isto é verdade, mas muito provavelmente não a verdade inteira. A humanidade nunca vive inteiramente no presente. O passado, a tradição da raça e do povo, vive nas ideologias do *superego* e só lentamente cede às influências do presente, no sentido de mudanças novas; e, enquanto opera através do superego, desempenha um poderoso papel na vida do homem, independente de condições econômicas[190].

As influências do presente que, lentamente, operam as transformações nos indivíduos e no social, pois a transmissão se dá do superego dos pais ao superego dos filhos, são também esclarecidas por Freud[191]:

> As experiências do ego parecem, a princípio, estar perdidas para a herança; mas quando se repetem com bastante frequência e em intensidade suficiente em muitos indivíduos, em gerações sucessivas, transformam-se, por assim dizer, em experiências do *id*, cujas impressões são preservadas por herança. Dessa maneira, no *id*, que é capaz de ser herdado, acham-se abrigados resíduos das existências de incontáveis *egos*; e quando o *ego* forma o seu superego a partir do id, pode talvez estar apenas revivendo formas de antigos *egos* e ressuscitando-as.

Conforme Héritier[192], se há mudanças profundas, seja de origem técnica (as tecnologias de informação e as biotecnologias), seja pela

190 *Ibidem*, p. 87.

191 FREUD, [1923] 1974m, p. 53.

192 HÉRITIER, 1996.

"evolução dos costumes" (as mudanças intervenientes no seio da família, no exercício da sexualidade etc.), está-se diante de um sistema em que tudo se arranja e as desigualdades se esbatem, mas não desaparecem.

4.2.3 Transformações sociais

A leitura de um recorte sociocultural quando é feita pela perspectiva da diferença e singularidade, e, portanto, pela via das manifestações sintomáticas – as que variam de cultura a cultura –, passa a dar a impressão de grandes mudanças e transformações tanto no que se refere aos espaços – diferentes culturas – como ao tempo – diferentes épocas. Sob esse ponto de vista, haveria, a cada transformação na sociedade, uma mudança estrutural tanto na família como nas estruturas intrapsíquicas. É por essa vertente que se pode fazer uma leitura de grandes alterações dadas pela contemporaneidade em oposição, por exemplo, à tradicionalidade. Assim, os sintomas sociais – em sua variabilidade – seriam motivadores de alterações dos mecanismos simbólicos que organizam a sociedade.

Os três pilares da família propostos por Lévi-Strauss[193] – a proibição do incesto, a repartição sexual das tarefas e uma forma reconhecida de união sexual – são reconhecidos em todas as sociedades, em todos os tempos, e seguem uma lógica simbólica universal. Porém tanto os elementos que provêm de uma natureza simbólica comum como a lógica simbólica que organiza as famílias e a sociedade são elaborados por formas que lhe são próprias, singulares e não universais.

Héritier[194] esclarece:

> Cada sociedade oferece uma configuração singular. Mas antes de a entender como uma reunião de traços culturais irredutíveis, dos

193 Héritier (1996) acrescenta aos três pilares fundadores de toda a sociedade propostos por Lévi-Strauss, um quarto, definido por ela como a valência diferencial dos sexos que, para ela, é indispensável para explicar o funcionamento dos outros três.

194 HÉRITIER, 1996, p. 33.

> quais nenhum é por definição comparável com um traço homólogo de uma outra sociedade, parece-me mais justificado entendê-la como um conjunto integrado de práticas e representações simbólicas destas práticas, inscrito ao mesmo tempo numa cultura e numa história, e cujos mecanismos de integração e de associação são comparáveis aos que são efetuados em outras sociedades. Trata-se de mecanismos e não de traços culturais por si mesmo singulares.

Pode haver mudanças de conteúdos sintomáticos, mas não da lógica simbólica e dos mecanismos psíquicos que os fundamentam. Se os dados elementares e biológicos são a base da articulação, eles tornam-se sobredeterminados pelo simbólico e variáveis conforme as construções simbólicas-imaginárias individuais. Não há um paradigma único dos dados elementares, mas eles mantêm-se presentes e constantes.

Para a autora, "a flexibilidade das combinações possíveis abre a porta às modificações trazidas pela história, mas os bloqueios – o que não é pensável, o que não é possível, o que nunca é realizado – são fenômenos de estrutura"[195]. As modificações sociais já estão inscritas nas possíveis aberturas de flexibilizações em número limitado como possibilidades da própria estrutura. A invariante global, isto é, o dado universal de ordem biológica é oferecido à reflexão do homem sobre si próprio. A partir do dado biológico elementar – que, no caso da velhice, é o próprio processo de envelhecimento –, que é universal, definem-se possibilidades lógicas de articulação pela via simbólica que a história da humanidade realizou. Algumas dessas possibilidades lógicas foram realizadas, outras não. Sua ausência sublinha os pontos fortes dessas leis fundamentais de parentesco. Algumas saídas de combinatória de parentesco são possíveis, outras

---

195 *Ibidem*, p. 18.

não. Não se trata de uma evolução progressiva de uma sociedade bruta de origem a uma sociedade elaborada que seria mais desenvolvida – o que nos coloca em escalas de valores –, mas sim de uma existência intemporal que se dá como potência dentro das possibilidades lógicas exercidas pela história.

4.2.4 Do coletivo ao intrapsíquico

Sendo o Outro um recorte particular do campo simbólico de uma determinada cultura e em determinada época, como ele se inscreve intrapsiquicamente? Como e por que o sujeito – no caso o velho – assimila o lugar que lhe é destinado pelo social? Como o sujeito assume esse lugar simbólico subjetivamente?

Héritier[196] fala sobre a "adesão cega ao mundo", pontuada por Picard, e ensina que há um denominador comum do homem de que "seria inútil refazer as coisas quando elas são feitas em nós"[197]. A autora continua:

> Esta adesão às coisas feitas em nós é aquilo a que chamamos aqui, o funcionamento por preterição, próprio do homem nas suas instituições, nas suas representações, na vida cotidiana: os elementos principais que constituem o nosso mundo nunca são postos em questão, na medida em que, não sendo considerados como principais ou não sendo sequer considerados, não podem ser por este fato questionáveis, nem postos em causa. [...] É preciso fazer compreender a existência e a profundidade das ancoragens simbólicas que passam despercebidas aos olhos das populações que as colocam em prática[198].

---

196 *Ibidem.*

197 *Ibidem,* p. 18.

198 *Idem.*

Em *O mal-estar na civilização*[199], Freud explicita o mecanismo utilizado pela cultura para conter a agressividade do indivíduo: introjetando-a, tornando-a interna por meio de uma instância de controle no próprio sujeito que submete o ego às coerções sociais. Essa instância é o *superego*: "[...] a civilização, portanto, consegue dominar o perigoso desejo de agressão do indivíduo enfraquecendo-o, desarmando-o e estabelecendo em seu interior um agente para cuidar dele"[200]. Da mesma forma, pode-se pensar que os significantes sociais e culturais sobre o velho são internalizados pela função de transmissão do *superego* tanto de seu conteúdo como de seus mecanismos. Dessa forma, o lugar definido histórica e culturalmente é assimilado pelo velho, ao assumir o desengajamento proposto pelo social, quando retorna ao âmbito familiar e se coloca na posição de objeto da velhice. É esta instância que, intrapsiquicamente, faz a função de representação do campo social e de "adequação" do sujeito a esse lugar demandado: lugar de velho.

Em *O coração informado*, Bettelheim[201] expõe de maneira chocante, porém esclarecedora, a função do *superego* como agente coercitivo que faz com que o campo social tenha influência profunda na subjetividade, inclusive desmontando referências que até então cumpriam a função de sustentação psíquica. Guardadas as devidas proporções, Bettelheim descreve o funcionamento de campos de concentração nazistas e ressalta a força da influência do meio na dessubjetivação, além de sublinhá-la como pouco valorizado entre os analistas.

A complexidade do objeto velhice encontra-se na grande influência do Outro no psiquismo do sujeito. Essa influência que ele assume e atua de acordo com os ideais sociais de trabalho e reprodução, como valorativamente estabelecidos na sociedade complexa urbana.

---

199 FREUD, Sigmund (1930 [1929]). O mal-estar na civilização. **Edição Standard Brasileira das Obras Psicológicas Completas** – E.S.B., v. 21. Direção de Tradução por Jayme Salomão. Rio de Janeiro: Imago, 1974o.

200 *Ibidem*, p. 146.

201 BETTELHEIM, Bruno. **O Coração informado**: autonomia na era da massificação. Rio de Janeiro: Paz e Terra, 1985.

Freud[202] esclarece que os conteúdos sociais são transmitidos de geração a geração pelo *superego*. Esses conteúdos estão arraigados no psiquismo até porque foram inscritos desde muito cedo, graças à dependência, ao desamparo e ao consequente risco da perda do amor da autoridade. Os mecanismos de transmissão agem desde a cultura por uma via coercitiva dada também pelo *superego*, de modo que a autoridade, de início externa e localizada nas figuras parentais primordiais, é internalizada e, com ela, sua função coercitiva de domínio sobre o ego é atuada pelo próprio sujeito.

Por esse mesmo mecanismo psíquico, pode-se supor que o velho assume o lugar social a ele destinado, ou seja, por uma via punitiva em que aceita as ancoragens que passam despercebidas, pois não são nomeadas e, portanto, inconscientes, mas que são vivenciadas no cotidiano e impõem um preço subjetivo a ser pago.

Mas ainda resta uma questão a ser esclarecida: por que o sujeito se submete ao predomínio do superego na velhice? Aqui, Freud[203] estabelece a dependência e, sobretudo, o desamparo do sujeito, como a condição da origem do *superego* que depende da proteção do outro que representa o Outro e de quem teme perder o amor e a consequente proteção.

A ideia de um desnudamento do desamparo do sujeito nesse momento da vida não ocorre porque haveria um retorno à posição subjetiva do bebê, mas talvez porque o que até então "acolchoava" e recobria esse desamparo, a saber, a sexualidade e o trabalho e o reconhecimento social[204], tem sua função diminuída, quando não excluída. O desamparo está presente desde o início da vida até o fim, ele é constitutivo do humano. A dependência, no entanto, pelo declínio biológico atualiza-se na velhice. O estado de dependência do velho e

---

202 FREUD, (1930 [1929]) 1974o.

203 *Ibidem.*

204 RUFFINO, 1999.

a circulação do falo – dos filhos para os pais – colocam-no sob a tutela da família e, nesse percurso, instaura-se o medo da perda do amor. Se o sujeito perde o amor da outra pessoa da qual depende, deixa também de ser protegido de uma série de perigos e fica exposto, sobretudo ao perigo de que essa pessoa mais forte mostre sua superioridade sob a forma de punição.

Uma hipótese aqui levantada é que na assunção desse lugar do velho, de destituição de um saber e de sua subjetividade, vinda do exterior, mas com eficácia intrapsíquica, as psicopatologias frequentes nos velhos, quando não são decorrentes de lesões neurológicas dadas pelo declínio biológico, ou doenças orgânicas incapacitantes, são respostas a esse lugar, marcadas pela demanda de reconhecimento de sua subjetividade pelo Outro – esse recorte, essa configuração social que dá um rosto ao campo da linguagem, campo simbólico e que, no cotidiano, concretiza-se na presença do outro – semelhante[205]. Nesse sentido, há duas vertentes paradoxais: uma do social que impõe coercitivamente um lugar ao velho – talvez de exclusão, de retirada social, de marginalidade ou dessubjetivação –, mas que ainda assim é um lugar; e outra que se refere às saídas possíveis do velho sempre na direção do resgate da subjetividade, do seu lugar de sujeito. Esse lugar é de enlaçamento ao social seja pela continuidade de suas atividades, até onde o corpo aguentar – quando o sujeito mantém seu lugar na família e no campo social – por meio, por exemplo, do trabalho; seja pelo não empobrecimento real dessas estruturas pela via psicopatológica. É por intermédio dos sintomas que o sujeito tenta resgatar o laço com o outro que mais do que um semelhante é um representante do Outro.

205 Nesse sentido, Bernardino (2001) sugere, na falha desse reconhecimento, uma compreensão para os suicídios na velhice.

4.3 ENVELHESCÊNCIA E LAÇOS LIBIDINAIS

4.3.1 O outro e o Outro: esquema Z

Pode-se afirmar que o indivíduo nasce mergulhado em um campo sociocultural que precede seu nascimento e que permanece após sua morte, ultrapassando, assim, os limites temporais de sua existência ontológica. Essa observação, mais do que apenas nomear a transitoriedade do indivíduo em relação à espécie – e o fato de sua mortalidade – afirma-o como um ser social, determinado pelos significantes organizadores de uma dada cultura, em determinada época. Entretanto a dimensão da determinação social se estende além do fato dessa inserção, pois toda a sua subjetividade se construirá a partir da relação com o outro, representante desse campo mais amplo – Outro. Lacan afirma que o "que se deve fazer, [...] o ser humano tem sempre que aprender, peça por peça do Outro"[206] por uma via que, de início, é a da falta em torno da qual "gira a dialética do advento do sujeito a seu próprio ser em relação ao Outro – pelo fato de que o sujeito depende do significante e de que o significante está primeiro no campo do Outro"[207]. Esse processo aliena o sujeito ao enigma do desejo do Outro, pois não se trata somente de uma relação direta, dual e recíproca (inicialmente com a mãe), mas sim atravessada pelo campo terceiro – o Outro –, essencialmente simbólico, inconsciente, organizador das relações intersubjetivas e intrapsíquicas.

Nesse sentido, as relações do sujeito com o Outro, como configuração inconsciente do social, e do *ego* com o outro das relações cotidianas podem ser representadas pelo esquema Z[208]:

---

206 LACAN, 1985b, p. 194.

207 *Idem.*

208 LACAN, Jacques [1956-1957]. **O seminário Livro 4**. A relação de objeto. Rio de Janeiro: Jorge Zahar Editor, 1995.

Figura 1 – O esquema

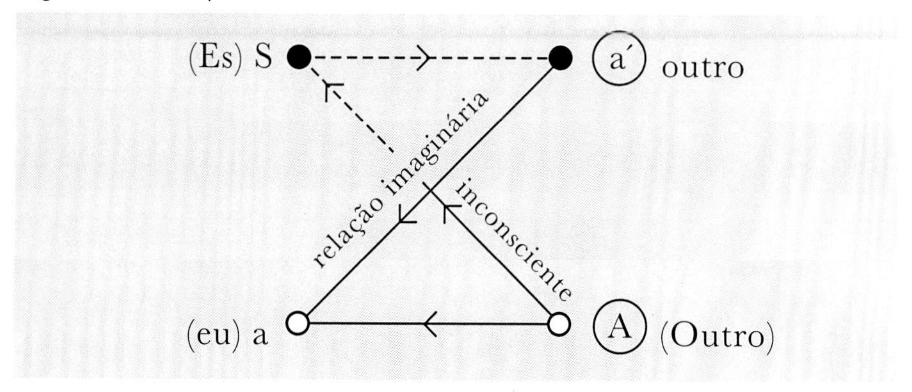

Fonte: LACAN, Jacques [1956-1957]. **O seminário Livro 4**. A relação de objeto. Rio de Janeiro: Jorge Zahar Editor, 1995, p. 10

Com o auxílio desse esquema, podem-se visualizar dois eixos. Um eixo predominantemente imaginário entre o *ego* (a)[209] e o outro (a') – semelhante – que institui o plano das identificações por meio do estádio do espelho e um outro eixo pontilhado que atravessa o imaginário, que se refere ao campo simbólico, do Outro ao sujeito do inconsciente. Esse plano é o que estabelece a filiação e, por efeito subjetivo, a sustentação psíquica do sujeito, em um processo de progressiva abstração. Lacan[210] ensina que a peculiaridade desse eixo simbólico é que a sua autonomia é desconhecida pelo (eixo) *ego* – outro, pois essa relação é concebida como dual, porém

> A relação simbólica não é por isso eliminada [...], mas resulta desse desconhecimento que o que no sujeito demanda fazer-se reconhecer no plano próprio da troca simbólica autêntica – que não é tão fácil de ser atingida uma vez que ela é perpetuamente interferida – é substituída por um reconhecimento do imaginário[211].

209 *Autre* em francês.

210 LACAN, Jacques [1955-1956]. **O seminário Livro 3**. As psicoses. Rio de Janeiro: Jorge Zahar, 1985a.

211 *Ibidem*, p. 23.

Um eixo é organizado pelas pulsões, essencialmente inconsciente, que põem o sujeito em busca da resolução do enigma do desejo do Outro, sempre parcial, e, outro, que organiza as relações do *ego* com o semelhante – plano das identificações –, mas que é também atravessado pelo simbólico, lugar do sujeito da enunciação. Lacan explica:

> Esta é a relação de fala virtual, pela qual o sujeito recebe do Outro sua própria mensagem, sob a forma de uma palavra inconsciente. Esta mensagem lhe é interditada, é por ele profundamente desconhecida, deformada, estagnada, interceptada pela interposição da relação imaginária entre *a* e *a'* entre o eu e o Outro, o grande Outro[212].

4.3.2 A pulsão, os enlaçamentos e o objeto

O aparelho psíquico é um aparelho de atividade pulsional, de enlaçamentos a objetos que tratam da sexualidade, tal como estabelecida pela psicanálise, a saber, os investimentos de libido e enlaçamentos aos objetos e ao próprio corpo – narcisismo – e a função de sustentação psíquica da subjetividade[213]. O enlaçamento é um laço afetivo intensamente estabelecido – no sentido de uma economia – entre o sujeito e um objeto, por meio do qual o sujeito acede ao sentimento de uma existência própria, pois cumpre a função de identificação, de atividade e de sexualidade. Assim, a dimensão de enlaçamento, antes de ser apenas uma atividade do ego como manifestação de um campo puramente social, portanto secundário, define mais amplamente a própria função do aparelho psíquico. O motor dessa atividade encontra-se na definição da pulsão em sua vertente mais ampla: a de pressão constante da qual não se pode fugir e que encontra sua

---

212 *Ibidem*, p. 10

213 BIANCHI, 1993.

satisfação apenas parcialmente, sendo sua totalidade impossível de gozar em vida.

O objeto da pulsão, ensina Freud[214], é o que há de mais variável na dinâmica pulsional, sendo secundário diante de sua característica de mobilidade e investimento. Em suas palavras, o objeto refere-se a algo em relação a que ou a partir de que a pulsão é capaz de alcançar o seu objetivo, é o que há de mais variável na pulsão e não está a ela originalmente associado, mas é atribuído a ela em razão de tornar possível a satisfação. Ele pode ser uma parte do próprio corpo do sujeito e, ainda, pode mudar inúmeras vezes durante a vida. O acento encontra-se na dinâmica de investimentos, de enlaçamentos do sujeito com o Outro, pois sendo o objeto da pulsão contingente, é apenas um pretexto para que a pulsão atinja o seu alvo: a satisfação.

A satisfação é obtida, conforme Freud[215] quando o estado de excitação é eliminado na fonte – zona erógena. Dessa forma, há um estado de excitação que parte da fonte, que contorna o objeto e retorna à zona erógena em que tal excitação foi produzida, eliminando-a. Como esse objeto é a presença de um vazio[216], não existindo um objeto consistente que satisfaça absolutamente a pulsão, a satisfação é sempre parcial. O objeto da pulsão é determinado por processos de fixação estabelecidos pela história libidinal do sujeito, e é inscrito, sobretudo na e pela perspectiva pré-edípica e edípica que fundam uma espécie de precipitado emblemático dos objetos de amor e ódio – objetos primordiais – organizadores da vida psíquica posterior do sujeito[217].

O objeto em psicanálise é negativizado. Ele promove a busca feita pelo sujeito para a produção de um saber que dê conta do enigma do objeto do desejo e da identidade de percepção. No processo de

---

214 FREUD, [1915] 1974i.

215 *Idem.*

216 LACAN, [1956-1957] 1995.

217 BIANCHI, Henri. **La question du vieillissement**: perspectives psychanalytiques. Paris: Bordas, 1989.

alienação do sujeito ao desejo do Outro, destaca-se o mecanismo da identificação como base da organização do ego. É uma identificação ainda no início da vida, ocorrendo de forma muito rudimentar, que, talvez, ainda nem se possa chamar de identificação ao Outro a partir do outro, mas de tentativa de reprodução de traços parciais desse Outro que propiciam a sua entrada na espécie humana em direção a uma identidade: a identidade de percepção. O que é inexistência do objeto pulsional torna-se, para o sujeito, a configuração de um objeto imaginariamente consistente, mas perdido. Esse objeto é constituído na experiência de satisfação com a mãe, nas primeiras mamadas, como um objeto perdido a ser reencontrado em uma suposição sonhada de um reencontro com uma identidade única e definitiva, identidade impossível. Nesse percurso, que se estende por toda a vida, há a busca repetitiva projetada em um futuro para alcançar o objeto mítico e nostálgico do passado. Esse objeto é o ponto de ligação das primeiras satisfações da criança. Nas palavras de Lacan[218],

> É claro que uma discordância é instaurada pelo simples fato dessa repetição. Uma nostalgia liga o sujeito ao objeto perdido, através da qual se exerce todo o esforço da busca. Ela marca a redescoberta do signo de uma repetição impossível, já que precisamente este não é o mesmo objeto, não poderia sê-lo. A primazia dessa dialética coloca, no centro da relação sujeito-objeto uma tensão fundamental, que faz com que o que é procurado não seja procurado da mesma forma que o que será encontrado. É através da busca de uma satisfação passada e ultrapassada que o novo objeto é procurado, e que é encontrado e apreendido noutra parte que não no ponto onde se procura. Existe aí uma distância fundamental introduzida pelo elemento essencialmente conflitual incluído em toda busca de objeto.

218 LACAN, [1956-1957] 1995, p. 13.

Freud[219] revela que o objeto, mais do que um objeto exterior – dado de realidade – é interno, objeto psíquico que constitui o próprio ego por meio de identificações. Conforme Freud[220], "a identificação é conhecida pela psicanálise como a mais remota expressão de um laço emocional com outra pessoa" pela qual "há uma vinculação ao objeto libidinal, [...] por meio da introjeção do objeto no ego". Em outras palavras, a identificação é "a ação de assemelhar-se um ego a outro ego, em consequência do que o primeiro ego se comporta como o segundo, em determinados aspectos, imita-o e, em certo sentido, assimila-o dentro de si"[221]. A identificação, enquanto mecanismo de funcionamento psíquico, pode se dar de duas maneiras: ou na presença do objeto, ou justamente quando o objeto é perdido. Assim, quando o sujeito tem que abandonar um objeto, há alteração em seu ego, pois o objeto é incorporado: "o caráter do ego torna-se então um precipitado de catexias objetais abandonadas e contém a história destas escolhas de objeto"[222]. Nesse momento, a catexia investida no objeto e a identificação não se distinguem uma da outra, e Freud então utiliza o modelo de funcionamento da melancolia como hipótese para a constituição do ego. Quando há alterações no ego, antes de o objeto ter sido abandonado, conserva-se a relação com o objeto.

Os objetos primordiais, base do estilo de investimentos e modelos de objetos, sofrem um remanejamento por meio da problemática edípica, pois, nesse período de constituição psíquica e da sexualidade, ocorre a primeira substituição de objeto, ou seja, a possibilidade mesma de substituir um laço por outro e, posteriormente, um objeto por outro. Trata-se, nesse nível, de uma economia libidinal

---

219 FREUD, [1923] 1974m.

220 FREUD, Sigmund [1921]. Psicologia de grupo e a análise do ego. **Edição Standard Brasileira das Obras Psicológicas Completas** – E.S.B., v. 18. Direção de Tradução por Jayme Salomão. Rio de Janeiro: Imago, 1974l, p. 133.

221 FREUD, (1933 [1932]) 1974p, p. 82.

222 FREUD [1923] 1974m, p. 43.

de investimento, desinvestimento e reinvestimento, possibilidades de substituição dos objetos, de mobilidade psíquica, ou de fixações cristalizadas em objetos. Segundo Bianchi[223], o efeito estruturante da crise edípica é que um laço pode se transformar, e um objeto pode ser substituído por outro, e por outro e mais outro.

Há, nesse percurso, a relativização do enlaçamento próprio da vida adulta, que se estabelece por estilos particulares em cada sujeito, mas que remontam as relações àqueles objetos primeiros. A possibilidade de substituir os objetos de investimento é uma condição indispensável para poder enfrentar a vida, e quando isso não se mostra possível, pode haver uma tragédia psíquica. Em termos econômicos, a dimensão dos laços dirige-se à possibilidade de investimentos e substituições de objeto. O imperativo de enlaçamento não parece diminuir com o decorrer do tempo, já que é uma exigência pulsional, mas é necessário que haja objetos a serem investidos.

4.3.3 O espelho, o outro e o Outro

Lacan, em *O estádio do espelho como formador da função do eu*[224], traz à tona a identificação como "a transformação produzida no sujeito quando ele assume uma imagem"[225]. Nesse texto, ele explicita o processo de constituição do ego em sua relação alienante com o outro, que será a matriz simbólica das identificações secundárias. Assim, é preciso ressaltar que, na própria relação do ego com o outro semelhante – que no Esquema Z se localiza no eixo a - a' –, existe a sobredeterminação do campo simbólico como base das posteriores identificações, suportando a subjetividade na equação final entre o sujeito do desejo e o ego. O sujeito, mergulhado na impotência motora, identificar-se-á a uma

223 BIANCHI, 1989.

224 LACAN, [1949] 1998a.

225 *Ibidem*, p. 97.

imagem de seu corpo totalizado – uma Gestalt que cumprirá, antes de seu reconhecimento social, a função de identificação à espécie e articulará o ego ao biológico-somático e ao simbólico, organizando a economia libidinal do sujeito. Há, nesse processo, uma dialética entre identidade e mediação, entre a vivência de parcialidade – decorrente das pulsões – e a vivência da totalidade propiciada pelo espelho. O ego configura-se como uma linha de ficção, como exterioridade de uma imagem, acreditando, portanto, ser uma identidade, desconhecendo sua verdade de só existir na alienação à imagem do semelhante e ao desejo do Outro. Esse ego que se supõe autônomo é, na verdade, sempre discordante de sua identidade, porque sua existência está sempre relacionada à presença do outro/Outro, seja por uma via mais concreta ou mais abstraída, mas sempre alienada.

O que se mostra no nível secundário nomeado como campo social é anteriormente fundamentado em um nível de estreita relação do sujeitoFeat com o Outro, relação fundante da subjetivação do sujeito. Considerando o espelho na perspectiva de reciprocidade entre o ego e o objeto, em uma relação aparentemente dual, em que se encontra o objeto delineado pelo espelho como objeto de carne e osso concretizado pelo semelhante, encontrando-se em seu avesso "a realidade do inconsciente, o saber pulsional e as linhas do desejo"[226].

4.3.4 Os laços, o interlocutor íntimo e a velhice

> *O sofrimento nos ameaça a partir de três direções: de nosso próprio corpo, condenado à decadência e à dissolução, e que nem mesmo pode dispensar o sofrimento e a ansiedade como sinais de advertência; do mundo externo, que pode voltar-se contra nós com forças de destruição esmagadoras e impiedosas, e, finalmente, de nossos relacionamentos com outros homens. O sofrimento que provém desta última fonte talvez nos seja mais penoso do*

226 SCHIAVON, 2003, p. 105.

que qualquer outro. Tendemos a encará-lo como uma espécie de acréscimo gratuito, embora ele não possa ser menos fatidicamente inevitável do que o sofrimento oriundo de outras fontes[227].

A vida, desde o início da infância, passando por uma chamada maturidade, até o fim, é uma espécie de história, história de enlaçamentos a objetos libidinais – objetos primordiais e seus substitutos[228]. A manutenção de uma subjetividade está no exercício dos investimentos libidinais que dependem dos enlaçamentos ao objeto, suas possibilidades de substituição ou de fixação. Um *quantum* de energia libidinal é empregado em uma atividade, e é esse *quantum* que se represa e que se amansa. É a dimensão do afeto que está em jogo, movido pelo que é essencial: a pulsão sempre como força ativa.

O apego à vida do sujeito é feito de enlaçamentos aos objetos que substituem outros objetos, e ainda por outros que visam, no entanto, aos objetos primordiais – fontes de identificação e referência simbólica –, que são sucedidos por enlaçamentos mais difusos a situações ligadas à relação com o outro/Outro. A perda de um objeto de amor só possui seus efeitos porque o objeto não é externo como possa parecer, mas porque, ao ser investido libidinalmente, ele passa a fazer parte do ego. O objeto interno é um conjunto de representações investidas libidinalmente, com maior ou menor inscrição de alteridade, mas nunca como objeto absolutamente exterior. Considerando-se o ego como um produto de inúmeros investimentos e perdas de objetos aos quais ele se identifica, o eu e o outro estão em uma relação cuja perda do objeto pode significar a perda do ego. Frente à quebra dos laços, o sujeito não consegue mais se narcisificar.

Fédida[229] pergunta-se:

---

227 FREUD, (1930 [1929]) 1974o, p. 95.

228 BIANCHI, 1989.

229 FÉDIDA, Pierre. **Dos benefícios da depressão**: elogio da psicoterapia. São Paulo: Escuta, 2002, p. 201.

> O que é uma ruptura dolorosa? Muitas expressões assim concebidas são consideradas explicações para a ocorrência de uma depressão. [...] O dilaceramento do pensamento acontece quando não existe mais interlocutor íntimo. Então, toda substância pode escorrer como a bolsa d'água de uma parturiente. Durante algum tempo, permanece a dor. E depois, mais nada. Somente uma massa compacta iluminada pela consciência de um estado violentamente vazio.

O objeto presente no exterior tem como seu correspondente um interlocutor íntimo, que configura o Outro abstraído, com quem se dialoga no exercício de realização do trabalho psíquico, pois está sustentado internamente numa certa consistência do objeto. Observam-se, na velhice, diferentes graus de rupturas dolorosas e de perda de objetos e interlocução externa. Entretanto, como já explicitado, parece se demonstrar uma fragilidade da abstração do Outro na velhice. O Outro precisa ser concretizado e observa-se que a rearticulação com esse outro – representante do Outro – pode restaurar a possibilidade de sustentação psíquica, como se fosse uma muleta psíquica.

> Muletas novas, prateadas e reluzentes.
> Apoio singelo e poderoso
> De quem perdeu a integridade
> De uma ossatura intacta,
> Invicta em anos de andanças domésticas.
> Muletas de quem delas careceu
> Depois de ter vencido longo
> Tempo e de ter dado voltas ao mundo
> Sem deixar a sua casa[230].

230 CORALINA, Cora. Ode às muletas. *In*: DENÓFRIO, Darcy França (org.). **Melhores poemas de Cora Coralina**. São Paulo: Global, 2004. p. 306.

Jerusalinsky[231] utiliza o conceito de consistência para explicar a relação lógica do sujeito com a capacidade de abstrair ou não um elemento, na ausência do objeto concreto. A consistência:

> [...] é a possibilidade dos elementos de um conjunto permanecerem juntos, embora o nível de abstração aumente. Porque quando o nível de abstração aumenta, a dificuldade é que, perdida a referência do real, isso se mantenha em *semblant*. [...] Diante da imagem concreta é mais ou menos fácil obter uma certa consistência. Agora, se eu retiro a imagem de referência, tenho que manter o nível não de uma imagem, mas de uma significância, que exige um nível de abstração muito maior. O trabalho é muito mais complexo para que isso continue a representar o sujeito. [...] Para manter esses termos articulados entre si, desde o ponto de vista lógico, eu preciso de um trabalho bastante mais complexo do que quando tenho a coisa, desde o ponto de vista concreto, presente. Então, quando o objeto se apaga e entramos no terreno da coisa enquanto abstração, a consistência na rede de significantes requer uma série de operações muito mais precisas, finas e persistentes, senão isso se esvai, se desagrega[232].

Porém pode-se perguntar o que se passa na velhice quando se constata a necessidade da presença do objeto libidinal, privilegiado, presente em sua concretude e havendo uma fragilização da abstração, da consistência do objeto como interlocutor íntimo, suporte "interno" para a sustentação do trabalho psíquico?

Sabe-se que o estádio do espelho não é apenas um momento da gênese do eu e organização inicial da economia libidinal, mas sim

231 JERUSALINSKY, Alfredo. Seminário: Psicanalisar crianças: entre o real e o ideal. Associação Psicanalítica de Curitiba, maio de 1997.

232 *Ibidem*, p. 7.

percurso que se inicia nos primeiros meses de vida e persiste até os últimos momentos de vida do sujeito. Schiavon[233] ressalta que

> O estágio do espelho não aconteceu apenas uma vez, exercendo desde então seus efeitos, [...] induzindo identificações. Ele se renova a cada vez, a cada novo momento identificatório é ainda a relação especular dando consistência à imago, garantindo a identificação segundo o rumo da identidade.

Bianchi[234] relembra – pois existe uma tendência ao recalque social dessa ideia – que há uma progressiva diminuição do investimento do idoso nos objetos, não porque haja uma diminuição de quantidade de libido com o passar dos anos, mas porque há uma diminuição dos objetos de investimento na realidade. O potencial do enlaçamento pode permanecer intacto, mas não se encontram mais, na atualidade, os objetos a serem investidos. A tendência ao desinvestimento acaba por vir de encontro à diminuição dos objetos na realidade e o sujeito passa a se defender com a retirada de seu investimento. Diminui a interlocução externa que se reflete no apagamento do interlocutor interno.

Como já explicitado, Freud, em *Tipos de desencadeamento das neuroses*[235], associa as causas precipitantes do adoecimento psíquico à Versagung[236]: "O indivíduo foi sadio enquanto a sua necessidade de amor foi satisfeita por um objeto real no mundo externo; torna-se neurótico assim que esse objeto é afastado dele, sem que um substituto ocupe o seu lugar"[237]. Mais adiante ensina:

---

233 SCHIAVON, 2003, p. 104.

234 BIANCHI, 1989.

235 FREUD, [1912] 1974f.

236 Na citação que se segue *Versagung* corresponde ao termo frustração.

237 FREUD, [1912] 1974f, p. 291.

> Assim, a possibilidade de cair enfermo surge apenas quando há abstinência. E daí se pode avaliar que papel importante na causação das neuroses pode ser desempenhado pela limitação imposta pela civilização ao campo das satisfações acessíveis. [...] A frustração tem efeito patogênico por represar a libido e submeter assim o indivíduo a um teste de quanto tempo ele pode tolerar esse aumento de tensão psíquica e que métodos adotará para lidar com ela. [...] O efeito imediato da frustração reside em ela colocar em jogo os fatores disposicionais que até então haviam sido inoperantes[238].

Nota-se a alta frequência destes elementos na época da velhice: a abstinência do objeto, a força das limitações sociais pela diminuição do número de objetos de investimento e lugar social do idoso e finalmente, a pouca suportabilidade temporal diante da abstinência dos objetos de investimento.

Assim, pode-se compreender com Freud que

> Há apenas duas possibilidades de permanecer sadio quando existe uma frustração persistente de satisfação no mundo real. A primeira é transformar a tensão psíquica em energia ativa, que permanece voltada para o mundo externo e acaba por arrancar dele uma satisfação real da libido. A segunda é renunciar à satisfação libidinal, sublimar a libido represada e voltá-la para a consecução de objetivos que não são mais eróticos e fogem à frustração[239].

Com o declínio biológico associado ao desinvestimento do social no sujeito, parece que o espelho não se renova; as perdas dos objetos e a diminuição de objetos passíveis de investimento desembocam em

---

238 *Ibidem*, p. 292.

239 *Idem*.

uma dificuldade crescente de o sujeito se renarcisificar e substituir os objetos privilegiados de investimento. A observação clínica manifesta-se pela necessidade da presença concreta por parte do analista para a sustentação do circuito do olhar e da escuta, estando diante dele, fazendo-lhe espelho, devolvendo-lhe sua presença. Fatores da estrutura que até então não tinham se manifestado pelo sujeito – muitas vezes durante toda a sua vida – mostram-se como a manifestação de psicopatologias e possuem a característica de estranheza diante da história do sujeito, frequentemente interpretada como doença orgânica. Entretanto, ao se observar o conjunto de fatores sociopsíquicos circunstanciais, pode-se encontrar os determinantes da tal psicopatologia e contextualizá-la na história do velho – na ausência do interlocutor externo. A fragilidade estrutural é ocasionada pela combinação da desconfiguração das referências paternas – filiação simbólica – e espelho materno – identificações[240].

Quando há uma relação estritamente imaginária sem enlaçamento ao Outro, não há sustentação subjetiva, há ou eu ou o outro, em que alguém deve desaparecer como sujeito.

> Toda identificação erótica, toda apreensão do outro pela imagem numa relação de cativação erótica, se faz pela via da relação narcísica – e é também a base da tensão agressiva. [...] Se a relação agressiva intervém nesta formação chamada o eu, é que ela a constitui, é que o eu é desde já por si mesmo um outro, que ele instaura numa dualidade interna ao sujeito. O eu é esse mestre que o sujeito encontra num outro, e que se instaura em sua função de domínio no cerne de si mesmo. Se em toda relação, mesmo erótica, com o outro, há um eco dessa relação de exclusão, é ele ou eu, é que, no plano imaginário, o sujeito humano é assim constituído de forma que o outro está sempre prestes a retomar

240 BERNARDINO, 2001; SOARES, 2001.

> seu lugar de domínio em relação a ele, que nele há um eu que sempre é em parte estranho a ele, senhor implantado nele acima do conjunto de suas tendências, de seus comportamentos, de seus instintos, de suas pulsões. [...] E esse senhor, onde está ele? No interior, no exterior? Ele está sempre no interior e no exterior, é por isso que todo equilíbrio puramente imaginário para com o outro está sempre condenado por uma instabilidade fundamental[241].

A falta de objeto que acaba por se desnudar na velhice, por uma falência do campo social, resgata a vivência do objeto construído miticamente como perdido e demonstra manifestações de predominâncias dos níveis de inscrição do objeto. Posições subjetivas diferenciadas são assumidas em relação à falta de objeto: privação, frustração e castração[242]. Na privação, a falta do objeto é real, trazida pela real dependência e pelo próprio processo de envelhecimento em direção à morte. Na frustração, a falta do objeto é imaginária e atua como um dano imaginário, o sujeito sente-se lesado pelo outro. Na castração, trata-se de uma dívida simbólica fundamentalmente inscrita pela experiência a partir do real do corpo e da finitude. É o campo da filiação simbólica no qual se localiza a inscrição psíquica da ordem natural das coisas, da vida e da morte. É pela via da castração que há a possibilidade de se simbolizar o real da velhice, pois há uma mediação dada pela palavra que nomeia a vivência, tornando-a experiência, isto é, integrando-a ao sujeito.

Quando há o atravessamento do simbólico na relação dual, o imaginário está a serviço do simbólico e há possibilidade de envelhescência. A envelhescência é a manutenção dos laços libidinais, do fluxo de libido em objetos "exteriores" ao eu como condição de manutenção da vida do aparelho psíquico.

---

241 LACAN, [1956-1957] 1995, p. 110-111.

242 *Ibidem.*

Encontra-se, em Freud[243], o que ele chama de a arte de viver como uma forma de se evitar o sofrimento. Essa arte de viver consiste em o sujeito encontrar satisfação ao enlaçar seu afeto aos objetos de amor. Ele diz "evidentemente estou falando da modalidade de vida que faz do amor o centro de tudo, que busca toda satisfação em amar e ser amado"[244]. Quando se afirma que o sujeito demanda um lugar no desejo do outro, em outras palavras, está se sublinhando justamente da demanda de amor endereçada ao Outro, pois o desejo do sujeito é o desejo do Outro, ao qual ele está alienado. Para finalizar, Freud alerta: "Nunca nos achamos tão indefesos contra o sofrimento como quando amamos, nunca tão desamparadamente infelizes como quando perdemos o nosso objeto amado ou o seu amor"[245].

4.4 HISTÓRIA E ENVELHESCÊNCIA

4.4.1 História e construção

Freud, na construção da metapsicologia psicanalítica, e, sobretudo da técnica, descobre o caráter estruturante, determinante, mas subversivo da história. Ele afirma, em *Estudos sobre a histeria*[246], que a histérica sofre de reminiscências em uma alusão explícita à função fundamental da história no funcionamento psíquico do sujeito, que consiste em deslocar a etiologia das psicopatologias do orgânico para os elementos históricos da vida do sujeito. Freud percebe a função reestruturadora do movimento de rememoração e repetição como formas de elaborações e saídas para uma organização subjetiva. O aparelho psíquico conta com a potencialidade de reconstrução de sentidos, de

243 FREUD, (1930 [1929]) 1974o, p. 101.

244 *Ibidem.*

245 *Idem.*

246 FREUD, S. (1893 [1895]) 1974a.

significações que transformam a vivência em experiência, pela reconstrução da história.

Freud[247] reitera como uma dificuldade no tratamento das pessoas idosas pela psicanálise a grande quantidade de material inconsciente e o pouco tempo disponível ao sujeito para a sua elaboração. Outro empecilho por ele enfatizado[248] é a prevalência de uma falta de elasticidade psíquica desses pacientes e, portanto, a rigidez do ego dada pela força do hábito e exaustão da receptividade impostos pela idade, impedindo-os de aprender novos conteúdos e serem reeducados.

Paradoxalmente, a experiência da psicanálise traz consigo justamente a subversão dessa fixidez, da cristalização dos conteúdos e mecanismos inconscientes como "para sempre os mesmos", do motor pulsional/sexual do funcionamento psíquico, ao mesmo tempo que demonstra o determinismo dado pelo passado na vida do sujeito, revira-se e abre perspectivas para que haja um trabalho de revisão e reconstrução desse passado pelas interpretações do presente por ele.

A quantidade excessiva de material inconsciente e o pouco tempo de vida para a sua resolução, argumento freudiano à não indicação da análise para os idosos, esbarra na questão da repetição, a saber, que o que se repete é o que não foi simbolizado e os conteúdos giram em torno de núcleos significativos do sujeito, mas em número limitado. A leitura interpretativa da realidade pelo sujeito é determinada pelo seu passado – sobretudo por inscrições infantis –, mas é também passível de ser transformada pela reconstrução de um eu atual que subverte os sentidos estabelecidos.

Na velhice, a reconstrução da história possui especificidades. A história é referência. A história, sua revisão e reconstrução possuem função organizadora da subjetividade, porque possibilitam, em sua

---

247 FREUD, Sigmund (1904 [1903]). O método psicanalítico de Freud. **Edição Standard Brasileira das Obras Psicológicas Completas** – E.S.B., v, 7. Direção de Tradução por Jayme Salomão. Rio de Janeiro: Imago, 1974c.

248 *Ibidem*; FREUD, [1937] 1974r.

produção discursiva, o reaparecimento dos suportes referenciais para o que já havia sido conquistado pelo sujeito durante a vida, mas que pelo espelho social, vindo do outro, na velhice, havia caído na invisibilidade de si, de seu corpo e de sua posição diante do Outro. Certamente é possível afirmar que o trabalho psíquico na velhice em relação à história sustenta-se mais no processo de construção do que no de desconstrução de sentido.

Nos termos de Freud[249], o trabalho com idosos está na combinação da técnica *per via di porre e per via di levare*. Em suas palavras, "*Per via di porre* tal como a pintura, pois ela aplica uma substância – partículas de cor – onde nada existia antes, na tela incolor; a escultura, contudo, processa-se *per via di levare*, visto que retira do bloco de pedra tudo o que oculta a superfície da estátua nela contida"[250]. Nesse artigo, Freud associa a sugestão à técnica *per via di porre*, que se escreve desde o exterior, desde o outro. Quando se trata *per via di levare*, há uma inscrição desde o interior, em um trabalho de elaboração.

A historicização tem função subjetivante, reafirmando que o velho tem uma história, ou seja, afirma a existência de uma vida. A dimensão histórica, assim, é existencial, porque estabelece a relação do sujeito com o seu tempo, sua época e com uma existência que foi e está sendo vivida. O tempo de viver o futuro é restrito; o tempo passado lhe deu um estilo, histórias de laços, histórias do corpo.

A história pode ser contada e recontada, reconstruída, pois "a história não é o passado na medida em que é historiado no presente, porque foi vivido no passado"[251]. Não só o passado é sempre reinterpretado no presente, como também o ato de interpretar é determinado pelo passado. Trata-se da restituição da história do sujeito pela restituição do passado, mas o destaque nesse processo é mais a vertente de reconstrução do que a da revivescência, ou seja, o impor-

---

249 FREUD, (1904 [1903]) 1974c.

250 *Ibidem*, p. 270

251 LACAN, [1953-1954] 1986, p. 21-22.

tante é que o sujeito possa, a partir de sua leitura atual, ressignificar a sua história passada e sua posição no presente. A história é feita de palavras que nomeiam imagens mentais e representações pulsionais pelo prisma de um ego atual, e, portanto, a partir da linguagem, subverte a fixidez do determinismo psíquico. É no exercício mesmo da subjetivação que há a possibilidade de reescrever e reinscrever a história, em que não importa tanto a história em si, mas o exercício de sua construção, desconstrução, reconstrução, enfim, a mobilidade psíquica e a possibilidade de criação.

Se a história pessoal é passível de ser transformada pelo sujeito, pelas aberturas proporcionadas pela vida e pela psicanálise, é preciso ressaltar, no entanto, que essas reconstruções não estão abertas a todos os sentidos, mas circunscritas em um número limitado de possibilidades, pois estão reduzidas às significações quando já inscritas em um corpo/subjetividade, isto é, no aparelho psíquico. Souza[252] explicita a razão dessa limitação na construção dos sentidos:

> A interpretação não está aberta a todos os sentidos não porque haveria uma pré-determinação de um significante já dado que imantizaria as séries associativas do sujeito. O que faz com que a representação de um sujeito de um significante para outro significante não seja, no interior de uma análise, um processo infinito e, portanto, aberto a todos os sentidos, é a fixação do sujeito a um objeto na fantasia, que assim se constitui numa formação que ancora o sujeito em um pouco de ser, protegendo-o da falta de ser a que a deriva infinita do significante o condena[253].

Assim, há uma fixidez dada pela estrutura psíquica, mas também há possibilidades de construções possíveis de serem feitas, quando o sujei-

---

252 SOUZA, Octávio. Considerações sobre a fantasia no percurso analítico. **Revirão1**: revista da prática freudiana. Rio de Janeiro: Aoutra, 1985, p. 98-104.

253 *Ibidem*, p. 98.

to tem escolha, e ele as busca, com liberdade limitada. A reconstrução da história tem limitações lógicas e existenciais. Considerando que a cadeia significante fosse aberta a todos os sentidos, haveria uma gama infinita de combinações na reconstrução da história, mas o sujeito estaria condenado a uma eterna deriva, sem qualquer parada em uma identidade significativa. Ora, se não houvesse essas amarrações, não haveria também uma mínima organização de um ego que se reconhecesse em uma história, em relação a si, ao outro e ao Outro. As marcações psíquicas no inconsciente estabelecem a particularidade do sujeito e também a sua limitação.

Assim, refazer a história não é uma exterioridade factual, como atividade objetiva fiel aos fatos vivenciados ou da qual se foi testemunha, mas é um ato de subjetivação que está no domínio do fantástico. A história, passível de ser contada por diferentes versões, é mediada pela subjetividade do presente e por isso ganha caráter ficcional. A dimensão ficcional tem a amplitude de se situar desde a leitura da chamada realidade externa – já interpretada pela subjetividade –, passando pela contagem da história e sua reconstrução, até estados em que é preciso a construção por meio de delírios, por exemplo, e, por fim, o acesso ao campo onírico, potencialmente revelador de verdades íntimas do sujeito e de potência criativa em direção à sublimação.

Delírios, sonhos, reconstrução da história, manifestações humanas reveladoras de um mundo simbólico, essencialmente ficcional que fazem função de sustentação psíquica. Nas palavras de Schiavon,

> Quando se constrói uma ficção, no sentido analítico, isto é, uma ficção virtualmente verdadeira, os aspectos enigmáticos, acidentais, dispersos e desconectados da vida adquirem inteligibilidade, liame afetivo; uma linha de sentido, emergindo da confusão e da obscuridade, reúne os dados num mesmo lance luminoso[254].

---

254 SCHIAVON, 2003, p. 201.

4.4.2 Memória e história

O aparelho psíquico é um aparelho de memória. Os traços de memória são os elementos fundantes da história, isto é, da referenciação pela linguagem, de um sujeito que tem uma existência que se refere ao corpo em relação ao passado, ao presente e ao futuro.

Segundo Bosi, Bergson[255], utilizando-se do método introspectivo, questiona: "O que percebo em mim quando vejo as imagens do presente ou evoco as do passado?", e conclui: "Percebo, em todos os casos, que cada imagem formada em mim está mediada pela imagem sempre presente do meu corpo". A memória, em Bergson, cumpre as funções de permitir a relação do corpo presente com o passado e de interferir no processo atual das representações. Ele descreve dois tipos de memória: a memória-hábito e a lembrança pura. A memória-hábito é responsável pelos mecanismos motores, tendo sido adquirida pelo esforço da atenção e pela repetição dos gestos e palavras. Ela é estabelecida pelas exigências de socialização, fazendo parte do adestramento cultural, e é a base para os conhecimentos úteis do cotidiano; a outra é a lembrança pura que se refere a lembranças isoladas, singulares, que, quando se atualizam na imagem lembrança, trazem à tona um momento único, singular, não repetido e irreversível da vida. Ela tem caráter evocativo pela via da memória e é, enfim, o que faz história. A lembrança pura inclui o campo dos sonhos e da poesia e, para Bergson, ela é inconsciente.

É interessante notar que a imagem lembrança é datada e a memória-hábito está incorporada aos gestos do dia a dia, e não faz história. Ainda para Bergson[256], a lembrança pura é responsável por mostrar como o passado se conserva inteiro e independente, de forma inconsciente – nesse caso, latente, potencial –, lugar onde se deposita a memó-

---

255 BERGSON, Henri [1939] *apud* BOSI, Ecléa. **Memória e sociedade**: lembranças de velhos. São Paulo: Companhia das Letras, 1994, p. 44.

256 *Ibidem*.

ria. Há um fenômeno relativo à memória que se presentifica algumas vezes na velhice, tal como o apagamento da memória atual e a vivacidade das experiências do passado, que talvez possa ser compreendido pela ativação da lembrança pura e apagamento da memória-hábito.

Encontra-se, também em Freud, desde o *Projeto para uma psicologia científica*[257], a memória como o fundamento de uma psicologia. Nessa época, ele nomeia a memória associada a tipos de neurônios diferenciados conforme a sua função, dentre os quais um seria capaz de ser permanentemente influenciado por excitações sem sofrer modificações, ou melhor, voltando para sua condição anterior e que constituem as células perceptivas; outros, que sofrem modificações, ficando em um estado diferente do anterior e que permitem a representação mnêmica. Assim, "há neurônios permeáveis (que não oferecem resistência e nada retêm), destinados à percepção, e impermeáveis (dotados de resistência e retentivos de *Qn'* que são portadores de memória e com isso, provavelmente, também dos processos psíquicos em geral"[258]. A dinâmica que orienta as funções desses neurônios perceptivos e de memória é essencialmente econômica, pois fundamenta-se em quantidades de excitações que devem ser minimizadas pelo aparelho psíquico. Freud fala de traços de memórias, ou seja, representações psíquicas marcadas de forma indelével no espaço psíquico e que possuem determinadas características: articulam-se em processos primários de condensação e deslocamento; não sofrem alterações no decorrer do tempo[259] e são indestrutíveis[260].

O fato de essas representações mnêmicas não sofrerem alterações no decorrer do tempo e ainda manterem sua vitalidade no psi-

257 FREUD, Sigmund (1950 [1895]). Projeto para uma psicologia científica. **Edição Standard Brasileira das Obras Psicológicas Completas** – E.S.B., v. 1. Direção de Tradução por Jayme Salomão. Rio de Janeiro: Imago, 1974a.

258 *Ibidem*, p. 400.

259 FREUD, [1915] 1974h.

260 FREUD, [1937] 1974q.

quismo deve-se ao determinismo psíquico dado pela memória como o que define, pode-se dizer, traços de uma identidade mais ou menos fixa, mas que, pelos mecanismos de condensação e deslocamento, indicam simultaneamente a potência criativa da articulação dessas representações movidas pela força pulsional. Assim, coexiste um campo de repetição do mesmo e outro campo de "re-petição" (pedir de novo) pela busca da realização do desejo sempre insaciável. É notável que o movimento psíquico se alterna entre o que estabelece, fixa, e o que cria e potencializa o novo.

Entretanto as características citadas descrevem o funcionamento das representações em apenas um espaço do aparelho psíquico[261] e faz-se necessário compreender como funciona a memória pelo prisma do processo secundário, pois quem constrói história é o protagonista egoico, regido por noções de temporalidade do processo secundário, em relação ao próprio corpo e ao campo social. Para a resolução dessa tarefa, pode-se contar com a explicação dada por Freud[262], quando ele ensina como ocorre a passagem dos conteúdos inconscientes (id) para o pré-consciente.

> A diferença real entre uma idéia (pensamento) do Ics. ou do Pcs. consiste nisso: que a primeira é efetuada em algum material que permanece desconhecido, enquanto que a última é, além disso, colocada em vinculação com representações verbais. [...] Como uma coisa se torna pré-consciente? E a resposta seria: vinculando-se às representações verbais que lhe são correspondentes. [...] Antes de nos interessarmos mais por sua natureza, torna-se evidente para nós, como uma nova descoberta, que somente algo que já foi uma percepção Cs. pode tornar-se consciente, e

---

261 FREUD, Sigmund. (1940 [1938]). O esboço de psicanálise. **Edição Standard Brasileira das Obras Psicológicas Completas** E.S.B., v. 23. Direção de Tradução por Jayme Salomão. Rio de Janeiro: Imago, 1974s.

262 FREUD, [1923] 1974m.

que qualquer coisa proveniente de dentro (à parte os sentimentos) que procure tornar-se consciente deve tentar transformar-se em percepções externas: isto se torna possível mediante os traços mnêmicos[263].

A tradução do que é inconsciente para o pré-consciente é feita "fornecendo ao pré-consciente vínculos intermediários, mediante o trabalho de análise. A consciência permanece, portanto, onde está, mas por outro lado, o Ics. não aflora no Cs"[264].

O papel desempenhado pelas representações verbais se torna agora perfeitamente claro. Através de sua interposição, os processos internos de pensamento são transformados em percepções. É como uma demonstração do teorema de que todo conhecimento tem sua origem na percepção externa. Quando uma hipercatexia do processo de pensamento se efetua, os pensamentos são realmente percebidos – como se proviessem de fora – e, conseqüentemente são considerados como verdadeiros[265].

Algumas considerações são importantes para a compreensão do trabalho psíquico que aqui se quer explicitar. No recorte de texto apresentado, Freud[266] ressalta a função do representante da representação que é o elo intermediário entre o inconsciente e a consciência, isto é, há um distanciamento dos traços mnêmicos inscritos no *id* e o decorrente deslocamento dessas representações internas para o espaço externo, quando então pode ser percebido pelo sujeito e organizado como história. É preciso destacar que as representações

263 *Ibidem*, p. 33.

264 *Ibidem*, p. 35.

265 *Idem*.

266 *Ibidem*.

intermediárias são representações verbais – representação de palavra – e, como tal, ao serem verbalizadas, retornam ao sujeito como vindas do Outro. Estabelece-se, aí, a dimensão de interlocução com o Outro, e ainda a explicação da razão pela qual a velhice só é percebida pelo olhar do outro e vivenciada como exterior pelo sujeito em oposição ao que se mantém atual no "interior". O sistema pré-consciente concilia, então, a memória à percepção momentânea atual. É nesse espaço intermediário de articulação dos representantes da representação que se faz história, pois ela consiste, a partir das marcações psíquicas do id que se repetem sem sofrer a erosão do tempo, na releitura ou na reconstrução das representações organizadas pela temporalidade e com os recursos subjetivos de um ego atual.

A vivacidade das representações justifica-se, porque ela está associada aos elementos inconscientes. A reconstrução da história está localizada no espaço intermediário entre a inalterabilidade do conteúdo inconsciente – atualidade do psíquico – e a alteração corporal dada pelo envelhecimento. Os representantes intermediários do pré-consciente fazem o papel de transformação desse conteúdo em uma história ficcional, que é contada para alguém e, nesse sentido, estabelece a necessidade de um interlocutor. Ora, se os traços de memória se mantêm os mesmos, no id, essa variabilidade só é possível em sua tradução por via do sistema pré-consciente, e a cada vez é reconstruída a partir do ego atual, que é efeito da equação atual do funcionamento do aparelho psíquico. O sujeito que se revela nos traços de memória do id é o sujeito infantil, recontado pelo ego atual.

Talvez seja possível considerar que o nível das construções é secundário em relação à dimensão econômica, pois só é possível reconstruir uma história se houver, por parte do sujeito, a manutenção dos laços, dos investimentos libidinais. A minha observação clínica supõe que esse trabalho psíquico só pode ser realizado se houver um interlocutor privilegiado, suporte para a transferência. A necessidade de um interlocutor real destaca a função de sustentação psíquica simbólica graças ao seu testemunho, que confere juízo de existência à história avaliando que de fato há vida, há história. Nesse sentido, o interlocutor cumpre a função de possibilitar que essa história, ao ser ouvida, ganhe existência, porque é testemunhada por alguém, mas também faça a importante função de localizar o sujeito em uma dimensão mais ampla, de pertencer a uma filiação geracional, de pertencer a uma época, de, em última análise, fazer parte da humanidade.

Se a construção e reconstrução da história, em psicanálise, possuem função simbolizadora, e, portanto, ganham estatuto de trabalho psíquico, é porque na relação dual do ego com o outro semelhante, por onde se veicula a "contagem" da história, atravessa um Outro campo, garantindo a sustentação simbólica do sujeito. A história é o elo entre o sujeito, sua realidade psíquica e o Outro – âmbito social.

A reconstrução da história, na velhice, cumpre então dupla função: a primeira é (re)inserir o sujeito em sua linhagem geracional pela construção mítica que une o início e o fim, dando sentido (direção e significação) à sua existência. Situa-se o sujeito na tradição e na filiação simbólica, em uma coletividade e, em última análise, na humanidade. A história age, então, como um elo de ligação do sujeito a uma ordem geracional e de filiação. A segunda função – que está diretamente relacionada à primeira – é de sustentação psíquica nos limites ontológicos do indivíduo e, por fim, do sujeito psíquico. A reconstrução da história faz emergir as referências singulares do sujeito, atualizando os marcos de sua vida e registrando para ele, diante do outro, que há história, que há existência, processo no qual o outro faz função de testemunho. Aqui está em questão a dimensão da prova da realidade (juízo de existência) quando no âmbito do singular, a subjetividade é recomposta simbolicamente e o efeito intrapsíquico é de trabalho elaborativo que dá suporte para a sustentação psíquica do sujeito. A reconstrução da história é um trabalho de reconciliação do sujeito consigo mesmo e com o coletivo.

No entanto a clínica indica que sua utilização não deve ser feita como "método terapêutico para o velho" nos moldes prescritivos estabelecidos pela gerontologia. A reconstrução da história, como ensina a psicanálise, está no contexto transferencial, como material que surge pela associação livre, diante do outro/terapeuta em um processo mítico, ficcional próprio à construção psicanalítica, pois a experiência clínica demonstra que há momentos em que a remissão à história do sujeito, na velhice, algumas vezes leva à desorganização discursiva e ao decorrente efeito de sofrimento, e não à sua organização. Assim, precisa estar bem contextualizada no momento da análise do sujeito pela transferência. A importância dessa observação é que, no campo do sentido, o conteúdo – se doloroso – pode trazer efeitos desorganizadores das referências. As desmontagens de sentido na velhice devem ser feitas com cautela e delicadeza, pois esses sentidos podem ser as únicas referências com que o sujeito pode contar, sem flexibilidade ou tempo (tempo lógico: de ver, compreender e concluir) para criar novas construções. Não resta dúvida de que, se há um trabalho de re-interpretação da história do sujeito pela via psicanalíticas no trabalho com os velhos, essa via age mais de forma construtiva do que pela desconstrução, ou seja, o lugar da reconstrução da história está, na velhice, bastante próxima da função de preenchimento de lacunas da memória e da função de confirmação de uma existência: a sua.

5

A ENVELHESCÊNCIA NO SINGULAR:
CAMINHOS PARA UMA GENERALIZAÇÃO

Todos os gêneros de felicidade se assemelham, mas cada infortúnio tem o seu caráter particular[267].

Os pontos que organizaram a proposição deste estudo – as influências dos discursos sociais sobre a velhice, a relação do biológico e corpo com a subjetividade, estilos transferenciais de investimento e desinvestimentos de libidos nos objetos e a relação do sujeito com a palavra e a história – definem a possibilidade de realização da envelhescência e a função das psicopatologias como organizadoras da subjetividade, fonte de ensinamento interno, que se demonstra na resposta do sujeito ao campo social. O que é interno se reflete no externo e vice-versa.

Dessa forma, observo que é preciso que haja o espaço de escuta do velho por um interlocutor privilegiado, e, nessa clínica, necessariamente concreto. O que fundamenta essa escuta é a suposição de um sujeito do inconsciente de encontro com as possibilidades estruturais e circunstanciais do sujeito.

A partir dos casos de Caroline, Irina, Mauser e Ivone, algumas questões se impuseram sobre as especificidades da clínica com os ve-

267 TOLSTOI, Leon. **Ana Karenina**. Rio de Janeiro: Pongetti, 1958, p. 5.

lhos, sobretudo no que se relaciona com os destinos psíquicos e com diferentes formas psicopatológicas diante da velhice. Cada caso delineia suas próprias questões metapsicológicas, suas especificidades em relação a uma particular estrutura psíquica, das contingências impostas pela velhice e possibilidades de "escolhas" de defesas contra esse real. Não que a velhice traga em si uma alteração metapsicológica, mas a partir do processo de envelhecimento, traz uma mudança no lugar simbólico-imaginário no âmbito coletivo que retorna ao sujeito e produz efeitos subjetivos. Todos esses pontos articulados sobredeterminam as saídas psíquicas na velhice.

Alguns questionamentos se tornam necessários: quais as características de estilos de relações de objeto, com o corpo, com a família, com o social, consigo mesmo e com a palavra na velhice? Quais as saídas psíquicas utilizadas e o lugar sintomático, em sentido mais amplo, que cada manifestação psicopatológica teve em termos de envelhescência? O que permitiu Caroline subjetivar-se em seu processo de análise, Irina manter-se viva e, finalmente, o que ocorreu com Ivone e Mauser, quando fracassou o processo de envelhescência?

Aqui impõe-se as ideias de valor e de liberdade, portanto, a ética: o que seria um fracasso e o que seria um sucesso em termos de subjetividade? A princípio, trata-se de um parâmetro dado pela pulsão vital, movimento em direção à satisfação, reconhecida e suportada pelo sujeito. Busca de simbolização, de mobilidade psíquica pela qual se pode encontrar saídas psíquicas para a manutenção de um lugar de sujeito que, muitas vezes, na velhice, fica dificultado, quando não impedido.

Algumas pontos de reflexões precisam ser esclarecidos. O primeiro ponto refere-se ao olhar ao que se pode chamar de discursos sociais sobre a velhice e as manifestações psicopatológicas nessa época da vida e que definem a direção do tratamento; o segundo ponto refere-se à relação com o biológico e com o lugar do corpo erógeno em relação à subjetividade na velhice; na continuidade, a observação metapsicológica realizada sobre as diferenças clínicas ocorridas no processo terapêutico em relação à transferência com o psicanalista, e, portanto, aos estilos, às possibilidades de substituição de laços; e, por fim, a relação do sujeito com a palavra, revelando a intimidade com o simbólico, mobilidade psíquica e capacidade de sonhar – possibilidade de envelhescência.

Caroline, essa mulher que inicia sua análise aos 94 anos e obtém resultados efetivos de subjetivação, possibilita-nos questionar a afirmação freudiana que se opõe ao trabalho psicanalítico com pacientes em idade avançada. Essa paciente, poeta e educadora, demonstra a flexibilidade psíquica necessária à realização da envelhescência em contraposição a estados de rigidez atribuídos aos idosos e que impediriam as possibilidades criativas na velhice. Reafirmando as possibilidades terapêuticas na velhice, mostra-se que a preocupação de Freud sobre o excesso de material acumulado durante a vida pela paciente não procede como impedimento de análise, pois, como em qualquer outro sujeito, há a repetição de temas e conflitos de sua vida que relativizam a quantidade de material e sua relação com a temporalidade. Dessa forma, não se trata do produto extenso de sua história, que de fato seria muito grande para possibilitar a análise, mas da atualização de núcleos representativos dessa história. Em *Recordar, repetir e elaborar*, Freud esclarece:

> [...] devemos tratar a doença não como um acontecimento do passado, mas como uma força atual. Este estado de enfermidade é colocado fragmento por fragmento, dentro do campo e alcance do tratamento e, enquanto o paciente o experimenta como algo real e contemporâneo, temos de fazer sobre ele o nosso trabalho terapêutico, que consiste, em grande parte, em remontá-lo ao passado[268].

---

268 FREUD, Sigmund [1914]. Recordar, repetir e elaborar. **Edição Standard Brasileira das Obras Psicológicas Completas** – E.S.B., v. 12. Direção de Tradução por Jayme Salomão. Rio de Janeiro: Imago, 1974g, p. 198.

No entanto é preciso se perguntar: quais são as características específicas desse processo descrito por Settlage[269]? E quais as peculiaridades psíquicas de Caroline?

Pode-se notar, em Caroline, que a sintomatologia somática – palpitações e falha na memória – mostrara-se como manifestações sintomáticas, tal como proposto pela teoria psicanalítica. Havia um conflito psíquico e uma formação de compromisso que implicavam diretamente Caroline em seus sintomas pela via corporal – e, portanto, mais do que puramente biológica, mas erógena –, que se torna o lugar para a manifestação dos afetos dissociados da representação recalcada. A constatação da função de reconhecimento no simbólico da problemática psíquica é corroborada pelo desvanecimento dos sintomas após terem sido transformados em palavra – em transferência. A sintomatologia corporal afirma a prevalência do funcionamento do corpo erógeno e cultural – como proposto pela sociologia e antropologia – sobredeterminando o somático.

A descoberta freudiana, considerada por Settlage[270], de que os esquecimentos têm ligação com os fatos da vida, não sendo somente consequência de um processo mórbido decorrente de um processo biológico, permitiram Caroline subjetivar-se por meio de seus conflitos.

Assim, com Caroline, de início, pôde-se constatar que houve o pedido explícito de análise motivado por sintomas corporais que não encontravam sua etiologia em explicações médicas sobre o organismo – a correspondência entre a sintomatologia e senilidade não se confirmou. Há, portanto, um pressuposto que fundamenta essa demanda de análise, indicando que há outras possibilidades determinantes de sintomas corporais que não o processo da senescência, quando foram excluídos os determinantes médicos. Esse aparente detalhe é, na verdade, revelador da crença de um sujeito – efeito da dimensão

269 SETTLAGE, 1997.

270 *Idem.*

existencial – interferindo no corpo. Trata-se de uma aposta feita por Caroline e pelo psicanalista, indicando a suposição de um aparelho psíquico, que é também corporal, e de saídas outras para a resolução de seus conflitos e de projeção de futuro. A velhice, nesse caso, não representa a antessala da morte, mas tempo de vida como em outras idades. A paciente é considerada pelo analista um sujeito do desejo.

A intimidade de Caroline com processos criativos, propiciados pela linguagem por meio da poesia, nomeia a transformação de sua vivência em experiência. A poesia permite o encontro do sujeito com a função simbolizadora e sublimatória dos escritores criativos, apresentando-se também como tentativa de simbolização nos delírios e devaneios. A escritura das poesias assume a função de dar voz à sua verdade interna com estatuto de trabalho psíquico. Citando Schiavon[271]

> O poema, ato propriamente simbólico, esteia e consagra a reconciliação do sujeito com a pulsão: dizer que reúne os dados antigos e atuais de uma vida *em movimento.* [...]. É por uma simbólica móvel e flexível, propriamente pulsional, que haverá para o sujeito alguma chance de reunir os dados de sua vida, tornando-a sua.

É preciso notar que a linguagem, nesse caso, não por acaso vem auxiliar na construção de saídas psíquicas em direção à sublimação e à envelhescência. A palavra em transferência faz laço com a força vital pulsional, encontrando vias de acesso por meio dos laços sociais – relações de objeto – e implicando o sujeito em sua história, em seus sintomas, em suas reconstruções. O estilo do uso da palavra pode indicar possibilidades de mobilidade psíquica para o exercício da envelhescência. A via simbólica, a nomeação da vivência e a função paterna oferecem recursos psíquicos para a subjetivação no exercício mesmo de sua função.

---

271 SCHIAVON, 2003, p. 108.

O caso de Irina questiona o lugar das psicopatologias na velhice, tal como proposto pela teoria da degeneração implícita nas condutas da geriatria. As diversas formas de se considerar as psicopatologias definem também as suas consequências clínicas. Essa teoria estabelece a equivalência do processo de envelhecimento às psicopatologias, consideradas sempre como desorganização mórbida, em que o delírio ganha estatuto de mau funcionamento químico ou lesão cerebral, indicando alguma doença degenerativa do sistema nervoso central.

Com Irina, perguntava-me, após as nossas longas "palestras", o que havia se passado com essa mulher que até então tinha seguido a vida, a princípio sem histórico psicopatológico – no sentido mórbido –, e que nesse momento da vida, estava com essa manifestação delirante. O que, da situação atual associada à velhice, poderia ter precipitado essa manifestação psicopatológica e qual o lugar subjetivo de seus sintomas? Onde foram parar as referências que até então a sustentavam psiquicamente? Seria a manifestação da sintomatologia da Doença de Alzheimer?

Nesse caso, introduz-se uma discrepância na teoria da degeneração, pois quando ela apresentava um discurso delirante – a princípio sem histórico anterior, o que poderia indicar o estágio inicial de um processo demencial –, por meio da palavra em transferência, com um interlocutor concreto para a escuta, seu discurso e postura se organizavam, indicando então não se tratar de uma problemática orgânica, mas de fenômenos de linguagem representativos de questões existenciais da história do sujeito e, nesse caso, sua relação com seu corpo e com o outro.

É necessário ressaltar a função das psicopatologias na velhice em relação à envelhescência, pois as psicopatologias, em psicanálise, são estilos de subjetivação que implicam o sujeito em sua verdade e estabelecem o lugar do sintoma como formações de compromisso que apontam para um sujeito em conflito, em busca da restauração da subjetividade. Nessa concepção, a psicopatologia transforma-se em possibilidade de ensinamento interno.

Com Irina, vê-se uma mulher que se organiza corporalmente quando seus delírios reconstroem sua história e, ainda, um corpo que sofre com as dores de coluna, mas que a coloca "pulando pela janela" para salvar o marido. A produção delirante de Irina traduz-se como um movimento em busca de enlaçamentos pelos quais tenta engatar uma reconstrução histórica. Pode-se contar com a ajuda da clássica contribuição freudiana sobre os delírios como processo de construção em direção à cura:

> Com referência à gênese dos delírios, inúmeras análises nos ensinaram que o delírio se encontra aplicado como um remendo no lugar em que originalmente uma fenda apareceu na relação do ego com o mundo externo. Se esta pré-condição de um conflito com o mundo externo não nos é muito mais observável do que atualmente acontece, isso se deve ao fato de que, no quadro clínico da psicose, as manifestações do processo patogênico são amiúde recobertas por manifestações de uma tentativa de cura ou uma reconstrução[272].

Ainda em Freud

> Os delírios dos pacientes parecem-me ser os equivalentes das construções que erguemos no decurso de um tratamento analítico – tentativas de explicação e de cura[273].

---

272 FREUD, Sigmund (1924 [1923]). Neurose e Psicose. **Edição Standard Brasileira das Obras Psicológicas Completas** – E.S.B., v. 19. Direção de Tradução por Jayme Salomão. Rio de Janeiro: Imago, 1974n, p. 191.

273 FREUD, [1937] 1974q, p. 303.

Para a psicanálise, as psicopatologias tratam de uma lesão em outro corpo que não o orgânico, sendo que, nesse corpo, chamado aparelho psíquico[274], exigem-se medidas defensivas de restituição no campo do simbólico.

Relacionando esse ensinamento freudiano à envelhescência, encontra-se a produção delirante como uma manifestação psicopatológica que tenta cumprir função organizadora do psiquismo, mas que, nesse caso do delírio, faz-se por uma via real-imaginária. Nas palavras de Freud, o delírio substitui um fragmento da realidade que está sendo recusada no presente por outro fragmento já rejeitado no passado remoto[275].

É preciso esclarecer que, nesse caso em particular, a referência à psicose – conflito do *ego* com o mundo externo – não se configura desde um enquadramento nosográfico ou estrutural, mas como referência sintomática desses casos na velhice de acordo com a noção de que fatores quantitativos podem ser determinantes de manifestações psicopatológicas em qualquer época da vida[276].

Pode-se concluir que essa construção visa a articulação da produção ficcional ao campo simbólico, lugar de enunciação inconsciente que estabelece a consistência entre o sujeito e o Outro (campo da linguagem e também configuração inconsciente do social). Esta construção também visa a busca de referência simbólica, uma tentativa de referenciação paterna, mas que tem um caráter narcísico marcante – procura de espelho. A construção delirante de Irina está no limite entre a possibilidade de uma organização ou, ao contrário, sua destruição. Nesse sentido, é interessante sublinhar que Freud, em *Construções em análise*[277],

---

274 BERLINCK, Manoel Tosta. Seminário inaugural do Laboratório de psicopatologia fundamental do Programa de estudos pós-graduados em psicologia clínica, São Paulo: PUC-SP, fev. 2003.

275 FREUD, (1924 [1923]) 1974n; FREUD, [1937] 1974q.

276 FREUD, [1912] 1974f.

277 FREUD, [1937] 1974q.

ressalta que o núcleo de todo delírio é um fato da realidade histórica do sujeito, em torno do qual ele tenta ancorar as suas referências.

Em *Esboço de psicanálise*[278], pode-se ir mais longe no raciocínio relativo à função simbolizadora, ou em sua tentativa, quando Freud nomeia o sonho como a psicose controlada presente em todos os sujeitos humanos, e, portanto, uma espécie de psicopatologia da vida cotidiana que, além de propiciar a sustentação psíquica como psicopatológica, encontra nos sonhos um pedido inconsciente de simbolização. Nas palavras de Berlinck[279], o sonho é lugar de experiência, e, em sua interpretação, é o encontro do sujeito com sua verdade íntima, acesso ao inconsciente e via de tratamento. O delírio e sua relação com a possibilidade de elaboração, por uma vertente onírica, permite compreender a abertura pela potência criativa do sonho e a possibilidade de criação com toda a força de pedido de sustentação simbólica.

> Um sonho, então, é uma psicose com todos os absurdos, delírios e ilusões de uma psicose. Uma psicose de curta duração, sem dúvida, inofensiva, até mesmo dotada de uma função útil, introduzida com o consentimento do indivíduo e concluída por um ato de sua vontade. Ainda assim, é uma psicose e com ela aprendemos que mesmo uma alteração da vida mental tão profunda como essa, pode ser desfeita e dar lugar à função normal. Será então uma ousadia muito grande pretender que também deve ser possível submeter às temidas doenças espontâneas da vida mental à nossa influência e promover a sua cura?[280]

Ivone e Mauser, por sua vez, questionam as psicopatologias como saídas psíquicas para a envelhescência e indicam a importân-

---

278 FREUD, (1940 [1938]) 1974s.

279 BERLINCK, 2000.

280 *Ibidem*, p. 199.

cia dos laços sociais para a manutenção da vida. Nesses dois casos, assisti ao rápido declínio biológico em seu extremo, motivado pelo desenlaçamento dos objetos significativos. Foram duas mulheres que chegaram ativas, mas em um curto período de tempo tornaram-se dependentes e foram tomadas por um intenso desamparo que as levou à morte. A leitura das manifestações sintomáticas corporais na velhice deve ser sempre analisada em relação aos investimentos a objetos libidinais significativos nesta época da vida.

Ivone e Mauser não apresentavam a rica produção delirante tal como Irina, mas suas psicopatologias foram manifestadas por mutismo – ainda que ser de poucas palavras já fosse uma característica própria delas – quando houve um esvaziamento discursivo e de características propriamente humanas até se entregarem à morte. Houve um recolhimento pulsional dado pelo esvaziamento do olhar, mutismo e anorexia, que remetem às pulsões mais originárias constituintes do psiquismo na relação do sujeito com o outro/Outro.

Assim, pode-se compreender o mutismo de Mauser e Ivone como a estagnação do simbólico que não circula por meio das palavras e que não encontra acesso transferencial – possibilidade de investimentos em objetos que não sejam as referências familiares, culminando no fracasso da envelhescência. Nesses dois casos, a psicopatologia – depressão – adquire caráter mórbido e desorganizador do psiquismo.

Talvez se possa considerar a produção delirante de Irina como um processo intermediário entre a produção criativa poética de Caroline – que, junto com a análise, permite a envelhescência – e o mutismo de Mauser e Ivone como indicadores impeditivos de envelhescência.

Com Ivone e Mauser, além do desfecho mórbido, algumas características semelhantes entre os dois casos chamaram atenção. De saída, o fato de que em curto período de tempo houve uma modificação subjetiva que passou de uma atividade para uma passividade – de uma posição de sujeito desejante à objetalização –, na qual o sujeito, diante de uma situação traumática, percebida como sem saída, entrega-se à morte.

O que se passou com essas mulheres que não foi possível a realização da envelhescência?

Fédida[281], em *Dos benefícios da depressão: elogio da psicoterapia*, nomeia com clareza a manifestação clínica e metapsicológica da depressão – *pathos* – no sujeito e contribui para a compreensão dos processos psíquicos implicados nos casos de Mauser e Ivone:

> A experiência comum do estado deprimido poderia caber numa única sensação: aquela, quase física, de *aniquilamento*. Essa sensação quase nem chega a ser um afeto que se experimenta e parece muito distante da percepção de um sofrimento vivido pelo sujeito. Ela se aparenta mais a uma imobilização, um impedimento de se sentir os menores movimentos da vida interna e externa, à abolição de qualquer devaneio ou desejo. O pensamento, a ação e a linguagem parecem ter sido totalmente dominados por uma violência do vazio. Além disso, a queixa do deprimido é pobre e repetitiva: ainda é fala, mas como que afastada da fala. A vida está vazia; não existe gosto ou interesse por nada, e predomina a incapacidade de se fazer o que quer que seja. Essa queixa é triste, mas de uma tristeza quase desapegada, sem afeto. Não é um lamento que manifeste ou anime uma interioridade: é uma voz que constata um processo de desaparecimento[282].

Na velhice, pode-se localizar esse fenômeno depressivo e seu desfecho mórbido – porque não encontra acesso ao sonho – no tempo psíquico que Lacan[283] descreve no *Complexo do desmame*. Esse tempo psíquico, ele ensina, é onde se encontra o sujeito – com um psiquismo ainda incipiente – em estreita relação com o simbólico, o erógeno

---

281 FÉDIDA, 1991.

282 *Ibidem*, p. 9.

283 LACAN, 1987.

e o biológico. Há, desde então, uma sobredeterminação do cultural sobre o biológico – característica que define o conceito de complexo. O complexo do desmame "representa a forma primordial da imago materna e funda os sentimentos mais arcaicos e mais estáveis que unem o indivíduo à família"[284].

Ora, esse momento inicial correspondente ao complexo de desmame, é um tempo em que não há nomeação das vivências, pois refere-se ao momento de corpo a corpo com a mãe e inscreve no psiquismo a imago materna. No desmame, afirma Lacan, "pela primeira vez, parece, uma tensão vital se resolve em intenção mental"[285]. É um tempo de vivência sem possibilidade de nomeação, e relaciona intimamente o "familiar" com o "corporal".

É possível nomear as psicopatologias de Mauser e Ivone como "depressão anaclítica". Spitz[286] descreve psicopatologias nos bebês produzidas por uma especial relação de objeto chamada privação total de afeto, que acaba por se realizar, em sua evolução, no hospitalismo. Os bebês que sofreram falta de investimento libidinal por parte do objeto – a mãe –, por mais que tivessem suas necessidades orgânicas satisfeitas – alimentação, aquecimento e higiene –, dependendo do tempo de privação de afeto, entravam em um processo irreversível de declínio, marasmo e, finalmente, morte. É interessante sublinhar duas observações feitas pelo autor: essa psicopatologia no bebê só ocorria se as relações de objeto tivessem sido anteriormente satisfatórias – quando a mãe estava presente. Caso contrário, os bebês mantinham-se vivos, mas com outras saídas psicopatológicas. É claro, com um custo subjetivo. Outra observação refere-se à perda de peso dos bebês e seu não crescimento físico, equivalendo ao retrocesso ou parada do chamado quociente de desenvolvimento. Nas palavras de Spitz, as crian-

---

284 *Ibidem*, p. 22.

285 *Ibidem*, p. 24.

286 SPITZ, René. **O primeiro ano de vida**. São Paulo: Martins Fontes, 1979.

ças "tinham uma grande suscetibilidade a resfriados intermitentes. Seu quociente de desenvolvimento apresentou, primeiro, um atraso no crescimento da personalidade, e, depois um declínio gradual"[287].

Encontra-se, nesse acontecimento psíquico, um processo de desumanização pela perda das características essencialmente humanas – esvaziamento do olhar, mutismo, anorexia, enrijecimento da fisionomia, evitação do contato físico com o semelhante –, que desembocam no declínio de aquisições, e até mesmo na involução de desenvolvimento, tendo efeitos no real do organismo. Esse processo de desumanização ocorre se a privação materna persiste no período de vida entre os seis e oito meses, quando Spitz[288] descreve a angústia de separação vivida pelos bebês "normais", sofrendo com a ausência e afastamento do objeto que, nesse momento, começa a se diferenciar como outro. É quando o bebê se ressente com a aproximação de pessoas estranhas que não sejam os objetos primordiais, familiares ao seu registro libidinal.

Nos casos de Ivone e Mauser, parece ter havido um despimento do "acolchoamento" simbólico que propiciava a identificação à espécie, e encontra-se a equivalência do corpo erógeno ao corpo biológico mais próximo do funcionamento fisiológico. Aqui se está no nível mais próximo da pulsão como representação colada na "carne" e que, na velhice, vem de encontro à insuficiência imunológica psíquica. Fédida[289] explicita, quando fala da depressão, que essa psicopatologia propriamente humana consiste na desumanização do sujeito, desfazendo-o de sua subjetividade e enviando-o para uma lentificação corporal.

Quando Mauser e Ivone concluíram que os objetos de investimento – família – não corresponderiam mais à sua demanda que, em

---

287 *Ibidem*, p. 235.

288 *Ibidem*.

289 FÉDIDA, 1991.

última análise, é sempre demanda de amor, na tentativa de uma saída psíquica, evocaram os pais e a casa – metáfora do corpo materno.

Lacan explica que

> A tendência psíquica à morte, sob a forma original que lhe dá o desmame, revela-se em suicídios muito especiais que se caracterizam como "não violentos", ao mesmo tempo em que aí aparece a forma oral do complexo: greve de fome da anorexia mental, envenenamento lento de certas toxicomanias pela boca, regime de fome das neuroses gástricas. A análise desses casos mostra que, em seu abandono à morte, o sujeito procura reencontrar a mãe. Essa associação mental não é apenas mórbida. Ela é genérica, como se vê na prática da sepultura, da qual certas formas manifestam claramente o sentido psicológico de retorno ao seio da mãe[290].

Pode-se, a partir dessas considerações, supor a falência da função paterna, que viria intermediar a relação do sujeito com o outro e que tornaria essa relação um acesso ao campo simbólico e à sustentação subjetiva. A falência do pai, enquanto nome, entrega o sujeito à morte, seja ela simbólica ou real. A força mortífera só se realiza porque encontra no próprio sujeito o seu reforço. É o que Freud afirma em *Esboço de psicanálise*[291]:

> Uma pessoa num acesso de raiva, com frequência demonstra como a transição da agressividade, que foi impedida, para a autodestrutividade, é ocasionada pelo desvio da agressividade contra si própria. [...] Uma porção da autodestrutividade permanece interna, quaisquer que sejam as circunstâncias, até que por fim consegue matar o indivíduo, talvez não antes de sua libido ter

---

290 LACAN, 1987, p. 29.

291 FREUD, (1940 [1938]) 1974s, p. 175.

sido usada ou fixada de uma maneira desvantajosa. Assim, é possível suspeitar que, de uma maneira geral, o indivíduo morre de seus conflitos internos.

Outra questão importante que se impõe na clínica com idosos é a importância do ambiente – se o idoso fica em sua casa como Caroline, onde as referências de sua história de vida se mantêm presentes em seu cotidiano, ou se o idoso vai para uma instituição de longa permanência, como no casos de Alexandra, Ivone e Mauser, quando há um empobrecimento do universo simbólico do sujeito, o afastamento da família e a imposição de rotinas e condutas exteriores aos ritmos corporais e psicológicos que até então orientavam o idoso. A rotina da instituição dificulta a realização de escolhas pelo sujeito sobre sua vida cotidiana. Com Ivone e Mauser, a institucionalização teve efeitos deletérios por representar o lugar que lhes era dedicado por sua família e a significação do abandono e desamparo decorrentes dessas constatações. Irina, no entanto, busca, apesar do ambiente, fazer e refazer laços, e sofre pelas rotinas e modo de tratamento específicos da instituição: a perda da liberdade e a imposição dos horários, por exemplo. O seu atendimento remete à problemática da duração dos efeitos das intervenções na instituição quando o idoso se vê impossibilitado de se fazer representar como sujeito.

A hipótese é de uma dificuldade de vivenciar a sua velhice, pela via composta pela questão somática, pelo aspecto ambiental dado pela instituição ou pela restrição ao ambiente na própria residência e, ainda, por decorrência deste último, um empobrecimento dos laços sociais significativos: conflitos do eu com o mundo externo.

Um traço presente nesses casos é a fragilidade subjetiva e a não durabilidade de tempo dos efeitos das intervenções e, em contrapartida, uma rápida organização subjetiva – que se reflete no corpo – quando há um reconhecimento pelo outro por meio da escuta em transferência, da sua existência. Da mesma forma, observa-se a característica de durabilidade dos efeitos das intervenções e sua íntima relação com a transferência. Como e em que medida os laços com o outro possuem função simbolizadora?

No caso de Irina, ela mostra-se fragilizada, mas em busca – via transferência – de um interlocutor para poder sustentar o seu trabalho psíquico em andamento. Há a necessidade da presença do outro "de carne e osso" para dar consistência à realização de um trabalho psíquico, pois, na vida adulta, o Outro é mais abstraído do que na velhice. Com Mauser e Ivone, mostra-se o contrário, uma possibilidade reduzida de investimento em outros objetos que não os objetos significativos de uma situação familiar. Como decorrência, a partir de uma fragilização psíquica dada pela vivência de desamparo e abandono, o corpo já enfraquecido pelo processo de envelhecimento perde sua condição defensiva e chega ao limite da morte. Caroline, além de buscar o enlaçamento com o analista, escolhe o seu interlocutor, ressaltando a importância de sua familiaridade. Esse laço se estabelece como amor de transferência, apontando com toda clareza a erotização da relação entre o analista e a analisanda. Não se trata apenas da sexualidade, mas de seu caráter erótico. Parece também se confirmar a erotização dos laços no caso de Irina, pela sua temática delirante de ciúmes e pela tentativa de enlaçamento com o outro senhor da instituição, mas que não lhe corresponde nem permite qualquer aproximação. Entretanto ele substitui subjetivamente o seu marido Ivan na construção delirante da paciente.

Ainda com Irina, uma notável característica se fez presente: a possibilidade de substituição de objetos e de seus investimentos, tornando-os privilegiados, ou seja, tornando-os objetos psíquicos, e a sua demanda de análise, utilizando-se então da palavra, o que não se encontrou nos outros dois casos. Para Ivone e Mauser, os únicos objetos a serem investidos eram os familiares/edípicos, em um círculo familiar restrito.

Para Caroline, o lugar do psicanalista, na transferência, assemelha-se ao lugar destinado a mim por Irina, pois eu fazia parte de sua subjetividade, tornando-me, em alguns momentos, a sua única saída, em pedidos desesperados de presença constante, em que eu me tornava a abandonadora, isto é, implicada nesse processo. Com Ivone e Mauser, eu fiquei como espectadora, sem possibilidades de intervenção, assistindo impotente aos desfechos mortais. Minha função restringiu-se à de observadora, talvez em alguns momentos intermediando a relação sujeito-família-instituição, mas sem acesso real ao psíquico das pacientes.

6

O *PATHOS* DO/NO ANALISTA

Na clínica com idosos, a escassez de conceitualização pela psicanálise sobre a velhice e o número reduzido de psicanalistas que se dedicam à sua aproximação clínica curiosamente parecem demonstrar um recuo diante da velhice beirando a *gerontofobia*[292]. Vê-se o psicanalista não recuar diante das psicoses, do autismo, das melancolias e das manifestações psicopatológicas que possuem inúmeras pesquisas, entretanto, sobre as especificidades da clínica com velhos, encontram-se poucas palavras e poucos interlocutores.

O psicanalista é afetado por sua clínica. Ele está nela implicado pela escuta, pelo olhar e por seu *pathos*, no que é afetado pelo discurso do outro. De que olhar se trata? E de que escuta? Diferentemente da visão e audição, e até em sua oposição, a escuta e o olhar supõem uma subjetividade na leitura de um discurso. A clínica exige do psicanalista que ele responda à sua prática com seus recursos subjetivos. Dessa maneira, a subjetividade e o corpo do analista são instrumentos para a sua atuação.

Lacan[293], em *A direção do tratamento e os princípios de seu poder*, ensina que o analista paga com seu corpo, no que ele é suporte da

292 MÁRQUEZ, Gabriel Garcia. **O amor nos tempos de cólera.** Rio de Janeiro: Record, 2000.

293 LACAN, Jacques [1958]. A direção do tratamento e os princípios de seu poder. **Escritos**. Rio de Janeiro: Jorge Zahar, 1998c.

transferência; paga com as palavras, no que elas são transformadas em interpretação e, ainda, paga com o que há de essencial em seu juízo mais íntimo: paga com o seu ser.

A escuta dos idosos coloca o clínico diante de questões essenciais e existenciais. Aquele que se coloca na difícil tarefa de escutar as histórias dos velhos, encontra-se também em um trabalho de envelhescência.

Há uma estrangeiridade dada pela velhice que a coloca como exterior, quase um abismo entre o sujeito, sua própria velhice e a relação com os pacientes idosos – pois, conforme o irrealizável sartreano, o velho é o outro –, o que dificulta o acesso a essa clínica. Sua vizinhança em relação à morte, para o observador externo, como também as incertezas de sua própria condição na sua velhice futura exigem um trabalho de aproximação até se perceber o caráter imaginário de pré-conceitos cristalizados. Sua quebra revela, não sem surpresa, a essência daquele que se tem à sua frente: trata-se de um sujeito, de alguém que fala de seus amores e desamores, de suas dificuldades e sofrimentos em um esforço para dar continuidade de subjetivação – envelhescência –, simbolizando os efeitos traumáticos que a velhice possa trazer consigo; trata-se também de alguém que não consegue se deparar com a sua intimidade pulsional, quando ela lhe é por demais insuportável. Enfim, mostra-se alguém que, como todos nós, está enfrentando as contingências e as dificuldades da vida.

A clínica, então, demonstra-nos que os sujeitos falam de suas vidas, de seus desejos, de um campo de força vital, de experiências. É do ponto de vista de um observador externo que se fala da morte, do não ser, seja pela via teórica, seja pela via psicopatológica que, de alguma forma cristaliza o sujeito em posições estagnadas, repetitivas, mortíferas em que surge discursivamente o desejo de morte – muitas vezes em ato.

Settlage[294] explicita os fatores que podem evocar reações transferenciais e contratransferenciais no psicanalista que trabalha com pacientes idosos. O autor inicia apontando para conflitos não resolvi-

294 SETTLAGE, 1997.

dos do psicanalista em relação aos seus próprios pais, que podem ser ativados pela transferência dos conteúdos e mecanismos edípicos ao paciente idoso. Essa transferência atualiza a repetição de mecanismos e estilos de laços reproduzidos na relação terapêutica.

Outro fator que está diretamente relacionado ao anterior é o deslocamento de transferências multigeracionais de forma confusa que ocorrem quando o psicanalista se coloca na posição de filho de seus pais idosos, bem como enquanto idoso de seus próprios filhos, ativando e questionando as relações de objeto. Outra manifestação transferencial refere-se à reverência e à idealização em relação ao paciente de mais idade, e que remete o analista aos pais idealizados da infância ou aos pais como autoridades parentais sem que possa de fato ouvir o sujeito, pois este está movido por uma fascinação imaginária, não sendo possível escapar aos temores íntimos relativos ao seu próprio envelhecimento, ao seu próprio futuro e à sua relação com essa estrangeira chamada velhice que já o habita.

Há a possibilidade do surgimento de uma ansiedade e tendência ao acionamento mítico em direção ao niilismo e negativismo relativos aos pacientes muito idosos. Nesse sentido, Berlinck[295], a partir da noção de "porta-marcas", de Pierre Fédida, esclarece que:

> [...] no início de praticamente todo tratamento psicoterapêutico, há um não-saber no paciente que é transferido para o psicoterapeuta. Este confronta-se com a condição de porta-marcas, gerando um mal-estar em relação ao sabido. Este mal-estar possui matriz biológica, pois o porta-marcas é o próprio corpo do psicoterapeuta no qual se manifestam afetos próprios do não-saber transferido pelo paciente. Nesta circunstância, o psicoterapeuta sente dor, depressão, angústia e uma ausência de representação de coisa e de palavras que, se tudo ocorrer bem, irá desaparecer

295 BERLINCK, 2003.

posteriormente. Isto dependerá de sua capacidade clínica de se debruçar e escutar além do vazio aquilo que o paciente tem para lhe transmitir, que é da ordem de um saber não sabido, e ainda dependerá de ser capaz de colocar, de alguma forma, essa memória inconsciente em palavras sistematicamente elaboradas, num *logos*, enfim[296].

Assim, encontro nos relatos da minha experiência clínica diversas anotações sobre vivências de desânimo e desesperança associadas à impotência, quando eu me questionava até onde haveria algo a se fazer para a diminuição do sofrimento dos idosos. Em muitos momentos, estive apenas como espectadora de acontecimentos, como em um sonho, assistindo a desfechos, debatendo-me para possibilitar saídas – alguma abertura, por menor que fosse – para um fim que não fosse mórbido. Mas nem sempre a temporalidade do sujeito e do tratamento estão a favor dessas possibilidades. As estruturas impõem-se: a do sujeito, a familiar, a institucional, a sua condição corporal.

A institucionalização do velho torna essa clínica triste, não se pode negar. Quando a mobilidade do sujeito com autonomia corre riscos, surgem os custos da velhice institucionalizada. A posição ética do psicanalista, marcada pelo desejo em direção à vida, na prática, é pisoteada pelas histórias de abandono, de heranças, procurações, pensões, extorsões desse velho que não tem mais voz para representar sua subjetividade. A sensação é de impotência perante a articulação de tantos significantes, de tantos laços tão impregnados de histórias, simultaneamente esvaziados no presente e quase sem futuro.

Notei, em mim, o medo da aproximação inicial, quando cheguei pela primeira vez na instituição. Precisei ser acompanhada por uma colega que, hoje me parece, cumpriu a função de, naquele momento, assegurar-me a continuidade da minha vida! Havia certo pudor em re-

---

296 *Ibidem*, p. 5.

lação ao que na velhice pode parecer obsceno, até que eu pude vivenciar a tranquilidade de constatar que o discurso era de sujeitos, tal como eu. Nesse momento, o medo cedeu e pude resgatar a minha posição subjetiva, considerando o outro. Eu estava em pleno processo de envelhescência.

A diferença de idade, ou melhor dizendo, a distância entre a idade do analista e a dos idosos, se é muito grande, dificulta a empatia como relação de reciprocidade e coloca o psicanalista, muitas vezes, com a crescente sensação de responsabilidade pelo estado do paciente, sobretudo se ele está frágil e desamparado. Essa situação, Settlage[297] afirma ter sido experenciada por ele; comigo ocorreu com Irina, quando ela "emendava" um assunto em outro no momento de minha saída, ou então reivindicava a minha presença dizendo-me que "*havia perdido uma amizade sincera*". Quando estava organizando o material dos relatos, notei inúmeras vezes suas queixas nesse sentido. Fiquei angustiada. O meu corpo era, nesse momento, porta-marcas.

Um último ponto a ser considerado é a transferência particularmente indesejável que ocorre com pacientes idosos, que é a pronta tendência do profissional em atribuir a piora do funcionamento mental somente à deterioração orgânica, negligenciando as questões psíquicas e sociais como determinante para o destino psíquico do idoso. O processo de envelhecimento age como uma sombra que pode colocar o profissional diante da dúvida do quanto essas manifestações psicopatológicas são determinadas pela biologia ou são determinadas por outras etiologias, simbólicas, por exemplo. O fascínio pelas ideias da sobredeterminação biológica na velhice é um fantasma presente na clínica, noção herdeira da força da mais nova tradição social: a medicalização da vida. Há, nessa direção, a devoção de todas as disciplinas ao real do organismo proposta pela tentativa hegemônica da medicina, atuada sem que seja percebida (trata-se de uma adesão cega às coisas) não só pelos profissionais, como por toda a sociedade.

---

297 SETTLAGE, 1997.

7

CONSIDERAÇÕES FINAIS

A velhice é um fenômeno complexo por diversas razões. A velhice é simultaneamente vivenciada de maneira particular, mas também é um acontecimento universal essencialmente humano; ela é paradoxal, pois sua existência afirma-se em sua própria negação, quer dizer, o indivíduo mantém-se velho quando não se deixa abater pelos fenômenos deletérios da velhice, quando então consegue manter seu estilo de vida adulta.

Há, na velhice, uma sobredeterminação do campo social – Outro – e do psicológico sobre o processo de envelhecimento. Não se trata somente de uma dimensão dos eixos – biopsicossocial –, mas de sua combinação em um sujeito que os articula em sua estrutura psíquica. Na leitura dos acontecimentos psíquicos na velhice, precisamos considerar os arranjos entre o corpo, a subjetividade e o social, pois pode haver uma crise traumática justamente na intersecção desses campos, assujeitando esse velho – sujeito da velhice – ao seu corpo, sua estrutura psíquica e seu lugar no campo social, que é assimilado e atuado por ele.

Diversos fatores traumáticos podem se apresentar para o sujeito, inaugurando a sua velhice. Dentre eles, a perda dos laços podem ocorrer na velhice em diversos níveis. O mais amplo – sociocultural –, por meio da teoria do desengajamento e propostas de aposentadoria, pode tirar-lhe o pertencimento no âmbito público. As gerações seguintes à sua assumem seu lugar na família, como também em relação às próprias decisões sobre sua vida. Por fim, a sua subjetividade foi desde o estádio do espelho, e, pode-se afirmar, desde os primeiros momentos da sua vida, construída por enlaçamentos aos outros primordiais, sendo o sujeito, portanto, efeito desses laços com objetos significativos que tendem a ser fragilizados ou perdidos nessa época da vida.

A gerontologia social parece perceber os resultados positivos das relações sociais quando propõe alternativas de lazer e atividades ocupacionais aos velhos, que se pode concluir, mais do que se efetivar em um nível secundário do campo social, cumpre a sua função organizadora por manter os laços entre o sujeito e os outros representantes do Outro, pois remetem o sujeito à sua história, sua filiação simbólica e, por conseguinte, propicia-lhe sustentação psíquica.

Quando esses laços sociais se desvanecem, o velho pode fragilizar a interlocução com o outro – interno e externo – e se perder em sua subjetividade, muitas vezes pelas psicopatologias. Estas se configuram, nesse contexto, como uma busca para interligar o sujeito psíquico com o sujeito social e pode-se, nessa perspectiva, vislumbrar o enigma do *pathos* na velhice.

Infelizmente, no entanto, na clínica cotidiana, deparamo-nos com a hegemonia do discurso médico imperando sobre a velhice – por uma leitura das psicopatologias como degeneração cerebral. Nessas condições, corre-se o risco de o clínico dicotomizar sua leitura em posições "organicistas" ou "psicologicistas" sobre a velhice, reduzindo o sujeito a uma parcela de sua verdade. As suas possibilidades de subjetivação encontram-se em risco de não se realizar. De forma mais grave, esse reducionismo, quando aplicado ao tratamento do idoso, pode produzir – e com grande frequência produz – efeitos iatrogênicos que podem levá-lo à morte.

O que se pretendeu transmitir neste livro é que as produções psicopatológicas podem ser tentativas mais ou menos bem-sucedidas de restituição do lugar de sujeito, que se torna fragilizado na velhice. As possibilidades desse sucesso dependem de fatores tais como a manutenção de laços sociais, possibilidades de realização transferencial e intimidade com a palavra como instrumento de acesso à verdade inconsciente, indicando a permeabilidade do ego, determinando a sua condição de dosar suas paixões. O que chama atenção nessa clínica é que a presença do interlocutor deve ser concreta, ou seja, o idoso precisa que seu interlocutor seja de carne e osso para configurar o Outro – suporte para a envelhescência –, que é referência de filiação simbólica, testemunha de sua história e objeto de investimento e de possibilidade narcísica.

Nesse sentido, a psicanálise vem realizar sua grande contribuição à clínica com idosos oferecendo-lhes a possibilidade da escuta em transferência, considerando-se especificidades dessa clínica a serem observadas. A escuta psicanalítica pode ser utilizada como um dispositivo clínico e institucional para facilitar o processo de envelhescência, isto é, a reinvenção da velhice, transformando a sua vivência em experiência de enriquecimento da subjetividade. A psicanálise pode oferecer os seus benefícios àqueles que, desde o início, foram excluídos de seu campo de aplicação: os velhos.

REFERÊNCIAS

BEAUVOIR, Simone. **A velhice**: a realidade incômoda. São Paulo: Difusão Editorial,1976.

BERLINCK, Manoel Tosta. **Psicopatologia fundamental**. São Paulo: Escuta, 2000.

BERLINCK, Manoel Tosta. Seminário inaugural do Laboratório de psicopatologia fundamental do Programa de estudos pós-graduados em psicologia clínica. São Paulo: PUC-SP, fev. 2003.

BERNARDINO, Leda Fischer. Crônica de uma morte anunciada – o suicídio na velhice. **Associação Psicanalítica de Curitiba em Revista** – Envelhecimento: uma perspectiva psicanalítica, ano 5, p. 50-58, 2001.

BETTELHEIM, Bruno. **O coração informado**: autonomia na era da massificação. Rio de Janeiro: Paz e Terra, 1985.

BIANCHI, Henri. **La question du vieillissement**: perspectives psychanalytiques. Paris: Bordas,1989.

BIANCHI, Henri. **O eu e o tempo**: psicanálise do tempo e do envelhecimento. São Paulo: Casa do Psicólogo, 1993.

BOBBIO, Norberto. **O tempo de memória**: de senectude e outros escritos autobiográficos. Rio de Janeiro: Campus, 1997.

BOSI, Ecléa. **Memória e sociedade**: lembranças de velhos. São Paulo: Companhia das Letras, 1994.

CAIXETA, Leonardo. **Demências**. São Paulo: Lemos Editorial, 2004.

CHARCOT, Jean -Marie. **Leçons cliniques sur les maladies des veillards et les maladies chroniques**. Paris: Place d'Ecole de Medicine, 1874 Disponível em: http://gallica.bnf.fr/ark:/12148/bpt6k6227985m. Acesso em: 05 jul. 2020.

CORALINA, Cora. Ode às muletas. *In*: DENÓFRIO, Darcy França (org.). **Melhores poemas de Cora Coralina**. São Paulo: Global, 2004. p. 306-310.

DEBERT, Guita. Terceira idade e solidariedade entre gerações. *In*: DEBERT, Guita; GOLDSTEIN, Donna (org.). **Políticas do corpo e o curso da vida**. São Paulo: Editora Sumaré, 2000. p. 301-318.

DEBERT, Guita; GOLDSTEIN, Donna (org.). **Políticas do corpo e o curso da vida**. São Paulo: Editora Sumaré, 2000.

FEATHERSTONE, Mike; HEPWORTH, Mike. Envelhecimento, tecnologia e o curso da vida incorporado. *In*: DEBERT, Guita; GOLDSTEIN, Donna (org.). **Políticas do corpo e o curso da vida**. São Paulo: Editora Sumaré, 2000. p. 109-132.

FÉDIDA, Pierre. **Nome, figura e memória**: a linguagem na situação psicanalítica. São Paulo: Escuta, 1991.

FÉDIDA, Pierre. **Dos benefícios da depressão**: elogio da psicoterapia. São Paulo: Escuta, 2002.

FERENCZI, Sandor. Para compreender as Psiconeuroses do envelhecimento. **Obras Completas:** Psicanálise III. São Paulo: Martins Fontes, 1993.

FREUD, Sigmund (1950 [1895]). Projeto para uma psicologia científica. **Edição Standard Brasileira das Obras Psicológicas Completas** – E.S.B., v. 1. Direção de Tradução por Jayme Salomão. Rio de Janeiro: Imago, 1974a.

FREUD, Sigmund (1893 [1895]). Estudos sobre a histeria. **Edição Standard Brasileira das Obras Psicológicas Completas** – E.S.B., v. 2. Direção de Tradução por Jayme Salomão. Rio de Janeiro: Imago, 1974b.

FREUD, Sigmund (1904 [1903]). O método psicanalítico de Freud. **Edição Standard Brasileira das Obras Psicológicas Completas** – E.S.B., v. 7. Direção de Tradução por Jayme Salomão. Rio de Janeiro: Imago, 1974c.

FREUD, Sigmund (1905 [1904]). Sobre a psicoterapia. **Edição Standard Brasileira das Obras Psicológicas Completas** – E.S.B., v. 7. Direção de Tradução por Jayme Salomão. Rio de Janeiro: Imago, 1974d.

FREUD, Sigmund [1905]. Três ensaios sobre a teoria da sexualidade. **Edição Standard Brasileira das Obras Psicológicas Completas** – E.S.B., v. 7. Direção de Tradução por Jayme Salomão. Rio de Janeiro: Imago, 1974e.

FREUD, Sigmund [1912]. Tipos de desencadeamento das neuroses. **Edição Standard Brasileira das Obras Psicológicas Completas** – E.S.B., v. 12. Direção de Tradução por Jayme Salomão. Rio de Janeiro: Imago, 1974f.

FREUD, Sigmund [1914]. Recordar, repetir e elaborar. **Edição Standard Brasileira das Obras Psicológicas Completas** – E.S.B., v. 12. Direção de Tradução por Jayme Salomão. Rio de Janeiro: Imago, 1974g.

FREUD, Sigmund [1915]. O inconsciente. **Edição Standard Brasileira das Obras Psicológicas Completas** – E.S.B., v. 14. Direção de Tradução por Jayme Salomão. Rio de Janeiro: Imago, 1974h.

FREUD, Sigmund [1915]. Os instintos e suas vicissitudes. **Edição Standard Brasileira das Obras Psicológicas Completas** – E.S.B., v. 14. Direção de Tradução por Jayme Salomão. Rio de Janeiro: Imago, 1974i.

FREUD, Sigmund [1915]. A repressão. **Edição Standard Brasileira das Obras Psicológicas Completas** – E.S.B., v. 14. Direção de Tradução por Jayme Salomão. Rio de Janeiro: Imago, 1974j.

FREUD, Sigmund [1919]. O estranho. **Edição Standard Brasileira das Obras Psicológicas Completas** – E.S.B., v. 17. Direção de Tradução por Jayme Salomão. Rio de Janeiro: Imago, 1974k.

FREUD, Sigmund [1921]. Psicologia de grupo e a análise do ego. **Edição Standard Brasileira das Obras Psicológicas Completas** – E.S.B, v. 18. Direção de Tradução por Jayme Salomão. Rio de Janeiro: Imago, 1974l.

FREUD, Sigmund [1923]. O ego e o id. **Edição Standard Brasileira das Obras Psicológicas Completas** – E.S.B., v. 19. Direção de Tradução por Jayme Salomão. Rio de Janeiro: Imago, 1974m.

FREUD, Sigmund (1924 [1923]). Neurose e Psicose. **Edição Standard Brasileira das Obras Psicológicas Completas** – E.S.B., v. 19. Direção de Tradução por Jayme Salomão. Rio de Janeiro: Imago, 1974n.

FREUD, Sigmund (1930 [1929]). O mal-estar na civilização. **Edição Standard Brasileira das Obras Psicológicas Completas** – E.S.B., v. 21. Direção de Tradução por Jayme Salomão. Rio de Janeiro: Imago, 1974o.

FREUD, Sigmund (1933 [1932]). Conferência XXXI: Dissecção da personalidade psíquica. **Edição Standard Brasileira das Obras Psicológicas Completas** – E.S.B., v. 22. Direção de Tradução por Jayme Salomão. Rio de Janeiro: Imago, 1974p.

FREUD, Sigmund [1937]. Construções em análise. **Edição Standard Brasileira das Obras Psicológicas Completas** – E.S.B., v. 23. Direção de Tradução por Jayme Salomão. Rio de Janeiro: Imago, 1974q.

FREUD, Sigmund [1937]. Análise terminável e interminável. **Edição Standard Brasileira das Obras Psicológicas Completas** – E.S.B., v. 23. Direção de Tradução por Jayme Salomão. Rio de Janeiro: Imago, 1974r.

FREUD, Sigmund (1940 [1938]). O esboço de psicanálise **Edição Standard Brasileira das Obras Psicológicas Completas** – E.S.B., v. 23. Direção de Tradução por Jayme Salomão. Rio de Janeiro: Imago, 1974s.

GAGEY, Jacques. Raisonner psychanalytiquement le vieillir?. *In*: BIANCHI, Henri (org.). **La question du vieillissement**: perspectives psychanalytiques. Paris: Bordas,1989. p. 7-32.

GOLDFARB, Delia Catullo. **Corpo, tempo e envelhecimento**. São Paulo: Casa do Psicólogo, 1998.

GOODY, Jack. **Família e casamento na Europa**. Oeiras: Celta Editora, 1995.

GROISMAN, Daniel. A velhice entre o normal e o patológico. **História, Ciências, Saúde**, Rio de Janeiro, v. 9, n. 1, p. 61-78, jan.-abr. 2002. Disponível em: http://www.scielo.br/pdf/hcsm/v9n1/a04v9n1.pdf. Acesso em: 05 jul. 2020.

HANNS, Luiz. **Dicionário comentado do alemão de Freud**. Rio de Janeiro: Imago, 1996.

HÉRITIER, Françoise. **Masculino/feminino**: o pensamento da diferença. Lisboa: Instituto Piaget, 1996.

INSTITUTO BRASILEIRO DE GEOGRAFIA E ESTATÍSTICA – IBGE. **Sinopse do censo demográfico**. Rio de Janeiro, 2010. Disponível em: https://biblioteca.ibge.gov.br/visualizacao/livros/liv49230.pdf. Acesso em: 05 jun. 2018.

IRRIBARRY, Isac. O diagnóstico transdisciplinar em psicopatologia. **Revista Latinoamericana de Psicopatologia Fundamental**, São Paulo, v. 6, n. 1, p. 53-75, mar. 2003.

JERUSALINSKY, Alfredo. Seminário: Psicanalisar crianças: entre o real e o ideal. Associação Psicanalítica de Curitiba, maio de 1997.

JERUSALINSKY, Alfredo. Papai não trabalha mais. *In*: JERUSALINSKY, Alfredo; MERLO, Álvaro Crespo; GIONGO, Ana Laura (org.). **O valor simbólico do trabalho e o sujeito contemporâneo**. Porto Alegre: Artes e Ofícios, 2000.

JERUSALINSKY, Alfredo. Psicologia do envelhecimento. **Associação Psicanalítica de Curitiba em Revista** – Envelhecimento: uma perspectiva psicanalítica, ano V, p. 11-26, 2001.

LACAN, Jacques [1955-1956]. **O seminário Livro 3**. As psicoses. Rio de Janeiro: Jorge Zahar, 1985a.

LACAN, Jacques [1964]. **O seminário Livro 11**. Os quatro conceitos fundamentais da psicanálise. Rio de janeiro: Jorge Zahar, 1985b.

LACAN, Jacques [1953-1954]. **O seminário Livro 1**. Os escritos técnicos de Freud. Rio de Janeiro: Jorge Zahar, 1986.

LACAN, Jacques. **Os complexos familiares na formação do indivíduo**. Rio de Janeiro: Jorge Zahar, 1987.

LACAN, Jacques [1956-1957]. **O seminário Livro 4**. A relação de objeto. Rio de janeiro: Jorge Zahar Editor, 1995.

LACAN, Jacques [1949]. O estádio do espelho como formador da função do eu. **Escritos**. Rio de Janeiro: Jorge Zahar, 1998a.

LACAN, Jacques [1953]. Função e campo da fala e da linguagem em psicanálise. **Escritos**. Rio de Janeiro: Jorge Zahar, 1998b.

LACAN, Jacques [1957-1958]. **O seminário Livro 5**. As formações do inconsciente. Rio de janeiro: Jorge Zahar Editor, 1999.

LACAN, Jacques [1962-1963]. **O seminário Livro 10**. A angústia. Publicação interna da Associação Freudiana Internacional. Publicação de Centro de Estudos Freudianos de Recife para circulação interna. Recife, 2002.

LACAN, Jacques [1958]. A direção do tratamento e os princípios de seu poder. **Escritos**. Rio de Janeiro: Jorge Zahar, 1998c.

LAPLANCHE, Jean; PONTALIS, Jean-Bertrand. **Vocabulário da psicanálise**. São Paulo: Martins Fontes, 1986.

LEBRUN, Gérard. O conceito de paixão. *In*: NOVAES, Adauto (org.). **Os sentidos da paixão**. São Paulo, Companhia das Letras, 1987. p. 17-33.

LEIBING, Annette. Velhice, doença de Alzheimer e cultura: reflexões sobre a interação entre os campos da antropologia e da psiquiatria. *In*: DEBERT, Guita; GOLDSTEIN, Donna (org.). **Políticas do corpo e o curso da vida**. São Paulo: Editora Sumaré, 2000. p. 133-150.

MÁRQUEZ, Gabriel G. **O amor nos tempos de cólera**. Rio de Janeiro: Record, 2000.

MESSY, Jack. **A pessoa idosa não existe**. São Paulo: ALEPH, 1999.

NASCHER, Ignatz Leo. **Geriatrics:** diseases of old and their treatment. Filadélfia: P. Blakiston's Son &Co, 1914. Disponível em: https://archive.org/stream/geriatricsdiasc#page/n13/mode/2up. Acesso em: 05 jul. 2020.

NICOLA, Pietro de. **Fundamentos da Geriatria e Gerontologia**. São Paulo: Faculdade de Medicina de Pávia, 1985.

PEREIRA, Mário Eduardo Costa. Pierre Fédida e o campo da psicopatologia fundamental. **Percurso Revista de Psicanálise**, ano XVI, n. 31-32, p. 45-54, 2. sem. 2003/1. sem. 2004.

RUFFINO, Rodolpho. **Adolescência e modernidade**. Rio de Janeiro: Escola Lacaniana de Psicanálise, 1999.

SALGADO, Marcelo. **Velhice, uma nova questão social**. São Paulo: SESC-CETI, 1982.

SALOMÃO, Erasmo. **Ministério da Saúde**, 2018. Disponível em: http://www.saude.gov.br/noticias/agencia-saude/44451-estudo-aponta-que-75-dos-idosos-usam-apenas-o-sus. Acesso em: 05 jul. 2020.

SAURÍ, Jorge. **O que é diagnosticar em psiquiatria**. São Paulo: Escuta, 2001.

SCHIAVON, Perci. **O caminho do campo analítico**. Curitiba: Imprensa Oficial do Paraná, 2002.

SCHIAVON, Perci. **A lógica da vida desejante**. Curitiba: Criar Edições, 2003.

SOARES, Flávia Maria de Paula. Des-envelhescência: o trabalho psíquico na velhice. **Associação Psicanalítica de Curitiba em Revista** – Envelhecimento: uma perspectiva psicanalítica, ano V, p. 42-49, 2001.

SPITZ, René. **O primeiro ano de vida**. São Paulo: Martins Fontes, 1979.

SETTLAGE, Calvin F. Transcendendo a velhice: criatividade, desenvolvimento e psicanálise na vida de uma centenária. **Boletim de Novidades da livraria Pulsional** – Centro de Psicanálise, São Paulo, ano 10, n. 101, p. 56-74, set. 1997.

SOUZA, Octávio. Considerações sobre a fantasia no percurso analítico. **Revirão1**: revista da prática freudiana. Rio de Janeiro: Aoutra, 1985. p. 98-104.

TOLSTOI, Leon. **Ana Karenina**. Rio de Janeiro: Pongetti, 1958.